원자와 우주 사이

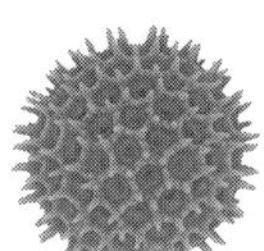
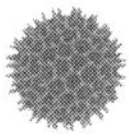
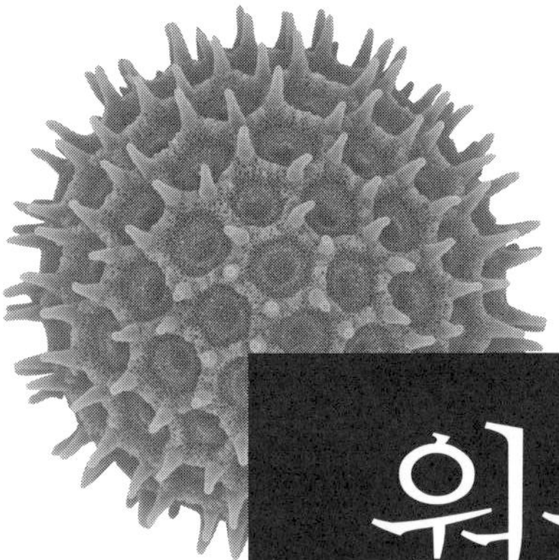
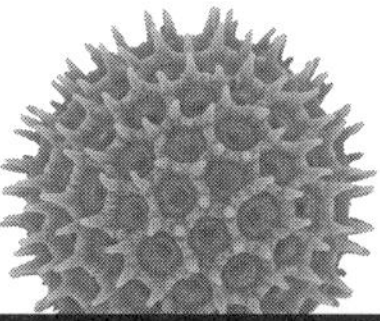

원자와 우주 사이

마크 호 지음 | 고문주 옮김

[**춤추는 꽃가루**에서부터 시작된 **나노세계**를 향한 호기심의 역사]

MIDDLE WORLD

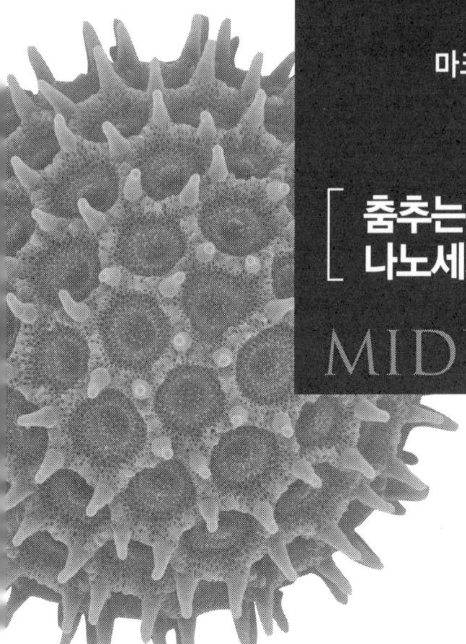

북스힐

옮긴이 머리말

이 책을 접하고 처음으로 읽기 시작할 때는 브라운 전기 정도로 가볍게 생각했지만, 읽으면 읽을수록 전혀 다른 세계를 발견하고 우리가 알고 있던 사실의 발전 과정을 재음미하는 커다란 기쁨을 맛보았다.

책의 전반부에는 과학 교과서에서 '브라운 운동'이라는 입자의 마구잡이 운동으로 잘 알려진 로버트 브라운이 등장한다. 브라운은 꽃가루를 관찰하던 식물학자로, 그가 발견한 마구잡이 운동은 후에 많은 물리학자와 화학자 들을 불러들인다.

이 책은 현대 과학의 전반에 걸쳐서 커다란 영향을 준 나노과학이 아주 조그만 관찰에서부터 시작했음을 설명한다. 다시 말해서 나노과학이 전혀 상관없어 보이는 꽃가루의 현미경 관찰로부터 시작했다는 것이다. 저자인 마크 호Mark Haw 박사는 브라운이라는 한 과학자의 생애를 다루면서 그가 관찰했던 것이 어떻게 현대의 나노과학에까지 이르게 되었는지를 설명한다.

사람들은 눈에 보이는 거시세계의 물리적 현상을 설명해주는 고전역학에 만족했었다. 그러던 중 고전역학으로 설명할 수 없는 현상들이 알려져 사람들을 당황하게 만들었고, 이것도 잠시 곧 19세기 말에 등장한 양자역학이 미시세계를 설명해주면서 사람들은 다시 안도의 한숨을 내쉬었다.

그렇다면 천체부터 모래 알갱이에 이르는 고전역학의 거시세계와 원자보다 작은 아원자 입자들로 된 양자역학의 미시세계 이외의 세계는 없을까? 거시세계와 미시세계는 부드럽게 연속되는 세계일까? 호 박사는 여기에 의심을 품으며 거시세계와 미시세계 사이에 '중간세계'가 있다고 말한다. 중간세계란 원자보다는 크고 모래 알갱이 같은 눈에 보이는 것보다는 작은 세계, 오늘날 우리가 흔히 말하는 '나노세계'를 가리킨다. 이 책은 이 중간세계에서 일어나는 일이 어떻게 물리학, 화학, 열역학, 생명 과정을 발전시켰는지 과학자들의 연구 과정을 추적하면서 설명해준다.

오늘날 우리는 나노화학, 나노재료, 나노물리 등의 나노과학에 대하여 많이 듣고 있다. 그러면서 나노과학을 10여 년 전에 갑자기 생겨난 첨단 과학으로 생각하기 쉽다. 하지만 이 책은 벌써 180년 전에 브라운 운동을 관찰한 것에서 나노과학의 뿌리를 찾고 있다. 독자들도 이 책을 읽으면서 과학과 지식의 발전과정에 흥미를 느껴보기 바란다.

이 책이 나오기까지 많은 수고를 아끼지 않은 도서출판 북스힐의 여러분들에게 감사를 드린다.

2011년 고문주

감사의 말

중간세계에 대한 중요한 것들을 이해하는 데 여러 가지 방법으로 도움을 준 과학자와 비과학자 들에게 감사를 드린다. 특히 찰리 래프턴, 한스 프라우엔펠더, 데이비드 클레너먼, 애드리안 멀홀런드, 앨런 쿠퍼, 톰 맥리시, 허먼 베렌드센, 피터 윌린스의 정보와 의견에 감사를 드린다. 역사에 대해서는 최근에 에든버러 대학교를 은퇴한 딕 더글에게 감사를 드린다. 그는 브라운과 맥스웰에 대한 진정한 지식의 원천이었다. 또 과학적으로 중간세계에 입문할 수 있도록 나를 이끌어준, 에든버러에 있는 모든 사람들을 빼놓을 수 없다. 나는 어쩌면 이들 덕분에, 적당한 시기에 우연하게 중간세계를 발견한 것일 수 있다. 내가 에든버러에서 적어도 중간세계의 한쪽 작은 귀퉁이라도 탐험할 수 있었던 것은, 그곳 사람들과 조직의 지원과 격려 그리고 연구비 지원이 있었기 때문에 가능했다.

이 모든 사람들에게 감사를 표하지만 모든 오해와 실수, 생각에 대한 책임은 순전히 내게만 있음을 밝힌다.

마지막으로 내가 중간세계에 빠져서 연락을 끊는 동안 잘 참아주고 끊임없이 격려를 해준 엘레너에게 무한한 감사를 보낸다.

마크 호

차례

01

결코 가만히 있지 않는 작은 것

1827년 6월 어느 날, 런던 소호의 연구실에서 스코틀랜드의 식물학자 로버트 브라운Robert Brown이 현미경을 들여다보고 있었다.

그는 렌즈 아래에 물 한 방울을 떨어뜨렸다. 그 물에는 달맞이꽃*Clarkia pulchella*에서 채취한 꽃가루가 들어 있었다.

브라운이 본 것은 물질의 구성에 대한, 2,000년 이상 된 수수께끼의 해답이었다. 그러나 이 사실은 80년이 지난 후, 브라운이 죽은 지 한참 후에야 알려지게 되었다.

사실 그 6월의 어느 날에 브라운은 현미경을 들여다보면서 물질에 대해서는 생각하지 못했다. 대신에 전혀 다른 의문을 가지고 있었다. 그는 생명에 대하여, 특히 식물의 성性에 대하여 생각하고 있었다.

그 물방울은 꽃가루 입자들로 가득 차 있었다. 그는 수분(꽃가루받이)이 어떻게 일어나는지 알고 싶었다. '이 작은 입자가 어떻게 식물에서 식물로 생명의 전령을 퍼뜨릴까?' '그것은 무엇으로 만들어졌으며, 어디로 가고, 무엇을 할까?' 그는 이 모든 것이 궁금했다.

브라운은 여름 내내 현미경을 들여다보았고, 정성 들여 관찰한 것을 꼼꼼히 기록했다. 8월의 더위가 물러가고 9월이 되어 과일이 익어갈 무렵, 그는 자신이 실패했다는 것을 인정하지 않을 수 없었다. 석 달간의 실험 후에도 식물의 성에 대해서 더 알아낸 것이 없었다. 현미경으로 보았던 것이 놀랍고 불가사의한 현상이긴 했지만, 그는 실망을 하고 그것이 생명과는 전혀 관련이 없다고 결론을 내렸다.

그가 옳았다.

그리고 동시에 그가 틀렸다.

이것이 스코틀랜드의 한 식물학자가 1827년의 6월과 7월, 8월에 정성 들여 꽃가루의 작은 입자들을 관찰한 이야기다. 이것은 처음으로 우리가 물질을 이해하는 방법을 변화시켰으며 지금도 우리가 생명을 이해하는 방법을 변화시키고 있다.

식물의 성

브라운은 항상 식물에 대해 호기심이 많았다. 그는 어릴 적부터 새로운 종들을 찾아서 스코틀랜드의 언덕들을 누비며 다녔다. 비록 과학계에서는 공식적인 자격을 갖고 있지는 않았지만 이후 세계적으로 유명한 식물전문가가 되었다. 그는 항상 검정 외투와 바지를 단정히 입고 다녔고, 쾌활하고 활달했으며, 특유의 수줍음 뒤에는 신선한 유머를 감추고 있었다.

다윈의 기념비적인 발견이 있었던 여행이 시작된 것보다 더 오래 전에 브라운도 역시 지구의 멀리 떨어진 구석을 뒤지며 이전까지 알려지지 않았던 여러 종류의 놀라운 식물들을 수집했다. 그러나 그는 1827년에 해상여행을 끝내고 식물의 번식 방법에 호기심을 갖게 되었다.

과학자들은 식물의 번식이 꽃가루와 관련이 있다는 것을 알고 있었다. 그러나 꽃가루가 실제로 어떻게 작용하는지는 아무도 알지 못했다. 소매에 묻거나 벌의 발끝에 붙어 있는 꽃가루 입자는 실제로는 속이 빈 주머니이며, 그 빈 공간에는 수천 개의 더 작은 입자들이 들어 있다. 이 작은 입자들이 식물들이 서로 교신을 하는 데 이용하는 작은 전령이며, 이는 계속해서 재생된다. 이런 입자는 지름이 1,000분의 1밀리미터 정도로 아주 작아서 현미경으로만 보인다.

브라운과 그 시대의 사람들은 큰 꽃가루주머니가 터지고 이런 작은 내부 입자들이 나오는 것이 식물 번식에서 중요한 단계라는 것을 알고 있었다. 그것이 한 식물이 어떻게든 동료와 특성을 교환하여 다음 세대를 생산하는 방법이다. 그들이 알 수 없었던 것은 꽃가루 입자가 어디로 가며 또 어떻게 새로운 생명을 만드는 활력을 촉발하는가였다.

현미경을 갖춘 브라운은 19세기 초에 등장한 새로운 식물학자 무리에 속하는 인물이었다. 약 30년의 연구 끝에 그는 당시 가장 훌륭한 식물학자 중 한 사람으로 명성을 얻게 되었다. 그 명성 중 대부분은 지구를 덮고 있는 엄청나게 많은 식물 종들을 확인하고 묘사하고 목록으로 만드는 것과 같은, 식물학자들의 전통적인 직분에 근거한 것이었다. 그러나 그는 식물학에 새로운 연구 방법을 시도한 선구자이기도 했다. 브라운은 목록으로 만들고 분류하는 것만으로는 만족하지 못했다. 실험을 하고, 관찰을 하고, 스스로 보기를 원했다.

브라운은 오랫동안 렌즈 전문가로도 높은 명성을 얻었다. 그에게 현미경에 대한 조언을 얻은 사람 중에는 청년이던 찰스 다윈Charles Darwin도 있었다. 당시 다윈은 1830년대에 비글호Beagle의 선상 자연학자로 떠날 준비를 하고 있었다.

브라운은 1827년 6월에 달맞이꽃에서 얻은 꽃가루주머니를 터뜨려서 작은 내부 입자들을 현미경 렌즈 아래의 물방울에 쏟아냈다.

그는 꽃가루받이에 대해 조금이라도 알아낼 수 있을 것이라고 생각했다. 그러나 실제로는 물질 자체의 중심으로 나아가고 있었다.

'나는 그것들 중 많은 것이 분명하게 운동하고 있는 것을 관찰했으며……'

모든 것은 간단한 관찰로부터 시작되었지만 그 결과는 이후 200년 동안 과학 세계에 계속해서 반향을 일으켰다.

브라운은 현미경을 들여다보면서 입자들이 움직이지 않고 조용히 떠 있을 것으로 예상했다. 그는 관찰하고 연구하고 목록으로 만들고자 끈기 있게 꽃가루가 렌즈 아래의 물방울에서 조용히 침전하기를 기다렸다.

하지만 곧 이런 꽃가루 입자를 연구하는 것이 생각보다 복잡하다는 것을 알아차렸다. 꽃가루 입자는 결코 가만히 가라앉지 않았다.

입자들은 모든 방향으로 운동했다. 그냥 움직이는 것이 아니라 마치 춤을 추는 것 같았다. 위아래로 뛰고, 앞뒤로 지그재그로 왔다 갔다 하고, 눈에 보이지는 않지만 회오리치는 작은 태풍에 붙잡혀서 던져지는 것처럼 움직였다. 이런 광적인 춤은 잠시도 쉬지 않고 계속되었다. 브라운이 아무리 오랫동안 보고 있어도 춤은 절대로 멈추지 않았다. 그것들은 결코 멈추려 하지 않았다.

19세기 초반에 과학자들이 알고 있던 것 중에 그렇게 의도적이고 제한이 없으면서 분명한 마구잡이 운동을 만들 수 있는 것은 생명뿐이었다. 즉 생물체였다. 브라운은 소동물animalculae이라고 부르던 작은 수생생물인 원생동물을 떠올렸다. 현미경이 발명된 초기에 그런 것이 이렇게 운동한다고 알려졌기 때문이었다.

가장 작다고 알려진 원생동물보다 훨씬 더 작은 이런 꽃가루 입자가 정말 살아 있을까? 꽃가루 입자가 가장 작다면 그것이 생명의 '원자'와 같은 가장 기본적인 생명 단위일까? 이것이 생명의 비밀이며 꽃가루받이는 생명 자체의 미소한 운반체가 전달되는 것일까?

꽃가루 입자들은 그 자체가 살아 있었다. 이것이 실제로 브라운이 최초로 한 생각이었다. 그러나 그는 신중한 과학자였다. 생각을 하는 것만으로는 불충분하여 다시 뒤돌아 앉아서 깊이 생각하기 시작했다. 브라운은 몇 주 동안 현미경으로 집중적인 연구를 했으며 다른 많은 식물의 꽃가루도 관찰했다. 놀랍게도 그는 유기물질이 아니라고 알고 있던 물질에서도 입자들을 얻어 관찰했다. 암석 가루나 검댕 입자 같은 것들을 관찰했다. 그는 얻을 수 있는 것은 무엇이든지 작게 분쇄하여 물에 넣고 현미경 렌즈 아래에 놓고 관찰했다.

그렇다면 꽃가루가 추는 춤이 작은 생명 원자의 증거였을까? 브라운은 실제로 현미경 렌즈 아래에서 헤엄치는 생명의 기본 단위를 본 것일까?

그렇지 않다. 브라운이 본 것처럼 죽은 물질도 춤을 추었다. 검댕, 모래, 광물, 금속, 심지어는 티끌까지도 달맞이꽃 꽃가루와 똑같은 모습으로 춤을 추었다. 아주 작기만 하면 모든 것이 춤을 추었다. 결국 꽃가루의 춤은 현미경에서 볼 수 있는 미세한 생명력의 증거가 아니었다. 이런 것은 생명의 원자가 아니었다.

놀라운 생각은 갑자기 사라졌다. 그래도 다행인 것은 과학은 일시적인 실망들로 가득 차 있다는 것이다. 비록 그것이 생물학적인 것은 아닐지라도 무엇인가가 꽃가루와 티끌과 검댕을 그와 같이 쉼 없이 춤추게 했다. 그리고 그것은 그 자체만으로도 흥미로운 것이었다. 브라운은 석 달 동안 연구를 더 하여 주의 깊은 관찰을 한 끝에 상당한 자료를 얻어낼 수 있었다. 과학자들이 항상 그러했듯이 브라운 역시 부정적인 결과도 모두 발표했다.

1827년 여름에 그가 한 실험 내용은 〈철학 잡지*Philosophical Magazine*〉에 "1827년 6월, 7월, 8월에 시행한 식물 꽃가루에 함유된 입자와, 유기체와 무기체에 있는 활성 분자의 일반적 존재에 대한 현미경적 관찰 설명"●이라는 제목으로 실렸다.

사람들 사이에서는 브라운이 '생명의 원자'를 발견했다는 잘못된 소문이 퍼져나갔고, 대중은 곧 흥분했다. 그러나 흥분에 들뜬 춤추는 꽃가루 이야기는 브라운에게 즉각적인 영예를 안겨주지는 못했

● 원제: A Brief Account of Microscopical Observations made in the Months of June, July, August 1827, on the Particles Contained in the Pollen of Plants; and on the General Existence of Active Molecules in Organic and Inorganic Bodies.

다. 다음 반세기 동안 그 실험은 사람들의 기억에서 거의 잊히거나 무시되었으며, 심지어는 누군가가 기억했다 하더라도 심각하게 잘못 이해하고 있었다.

춤추는 근육

160년이 지난 1990년대로 가보자. 춤추는 꽃가루에서 근육 단백질로 주제도 바뀐다.

우리 주위의 모든 물질에는 화학 에너지가 저장되어 있다. 그러나 화학물질을 그냥 놔두면 운동이 생기지 않는다. 움직이려면 근육이 필요하다.

걸음, 들어 올리기, 회전은 뼈에 연결된 근육(골격 근육)에 의해서 일어난다. 골격 근육은 단백질인 액틴으로 만들어진 기다란 섬유 다발이다. 이 섬유들은 힘줄에 의해서 뼈와 관절에 연결되어 있다. 우리가 근육을 사용하면 액틴 섬유가 수축하여 힘줄을 끌어당기고, 힘줄은 관절을 형성한 뼈를 끌어당긴다.

우선 액틴 섬유를 수축하게 하는 것은 무엇일까? 액틴 섬유들은 미오신이라고 하는 특별한 단백질 열들 사이에 서로 맞물리면서 교대로 늘어서 있다. 일렬로 늘어서 있는 미오신 단백질들은 근육을 긴장시키기 위해 가장 가까이에 있는 액틴 섬유를 화학적으로 붙잡아서 끌어당기는데, 이는 마치 미세한 줄다리기와 같다. 이어서 수축된 액틴 섬유들은 힘줄을 끌어당기고 힘줄은 뼈를 끌어당겨서, 움직이거나 들어 올리거나 서거나 뛸 수 있게 한다.

물론 근육을 사용하려면 에너지가 필요하다. 미오신 단백질은 화학적으로 저장된 에너지를 어느 부분의 액틴 섬유를 끌어당기는 힘들로 바꾸어야 한다. 대부분의 생물학적 과정은 아데노신삼인산ATP 이라고 하는 분자 연료로부터 동력을 얻는다.* ATP가 화학적으로 분해되면 저장되어 있던 화학 에너지는 더 유용한 형태로 바뀌게 된다. 미오신 단백질은 기계적 운동을 하고 가까운 액틴 섬유를 끌어당기고자 ATP에 저장된 화학 에너지를 사용한다.

어떻게 이런 미세한 기계적 과정이 실제로 일을 할까? 이에 대한 가장 쉬운 가정은 그것이 시계장치와 같이 규칙적인 역학 법칙에 따라서 단순한 기계처럼 작동한다고 생각하는 것이다. 시계장치와 같은 근육의 역학 구조에서는 미오신 단백질에 ATP 한 분자를 주면, 미오신 단백질은 주변의 액틴 섬유를 한 번 끌어당기고자, 즉 액틴 섬유를 붙잡아서 그것이 이동하고 있는 반대 방향으로 수축시키고자 ATP를 '태워서' 화학 에너지를 생산해 사용한다. 이런 미오신-액틴 조합이 한 묶음으로 있으면 완전한 근육이 된다. 액틴 섬유를 잡아당기는 미오신 단백질들의 협동이 힘줄과 뼈를 끌어당기고, 이런 작은 줄다리기로 우리는 움직일 수 있는 것이다.

근육의 이러한 시계장치와 같은 메커니즘은 그것이 간단한 일상생활의 기계와 비슷하다는 점에서 매력이 있다. 즉 연료 한 단위를 넣으면 미오신 운동이 한 번 일어나서 액틴 섬유를 한 번 끌게 된다. 다음 연료 단위가 들어가면 다음 운동, 다음 끌기…… 이런 식으로, 우리에게 친숙한 자동차의 내연기관과 같은 기계들처럼 움직임이 계

* 보통 앉아서 생활하는 사람은 하루 동안에 40킬로그램의 ATP를 합성하고 소모한다. 달리는 사람은 한 시간에 이 정도의 에너지를 사용한다.

속된다. 자동차의 내연기관에서는 피스톤이 캠축을 돌려 연속적인 회전력을 발생시키면서 실린더를 오르락내리락하게 만든다. 이러한 일상에서의 자동차 기계를 이해하는 방법으로, 근육 단백질과 같은 복잡한 인체 과정이 이해될 수 있으리라 생각할 수 있다. 즉 우리는 인체 과정을 자동차 수리공이 BMW의 보닛 속에서 작동하고 있는 것들을 분석하는 것과 같은 방법으로 이해할 수 있을 것이다. 어쩌면 생명은 단지 크기를 줄이는 공학의 문제일 수 있다. 커다란 기계를 단순히 세포 정도의 작은 세계의 크기로 축소한 것이 생명일 수 있다.

하지만 이런 기계적인 근육의 메커니즘은 일상의 단순성과 비슷하다는 매력에도 불구하고 그것이 틀렸다는 데 문제가 있다.

1827년의 브라운처럼 과학자들은 실제로 자신의 눈으로 사물을 알 수 있을 때까지는 좀처럼 만족하지 않는다. 1990년대 초반에 연구자들은 실제 분자의 행동을 직접 관찰할 수 있게 되자 근육 단백질(그리고 단백질에 의한 많은 다른 세포 과정)에서 행동 중인 미오신 분자의 모습을 포착해보려는 시도를 했다. 그것은 작동 중인 근육 기계의 스냅 사진을 찍는 것이었다.

이런 연구자 중에 일본 오사카 대학의 야나기다 토시오Toshio Yanagida의 연구진이 있었다. 야나기다는 미오신에 ATP를 넣어줄 때 실제로 어떤 일이 일어나는지 측정하고 싶었다. 근육 단백질 기계가 작동하는 방법을 화학적으로 상세하게 알아내고자, 그는 단일 미오신 분자가 액틴 섬유를 따라서 스스로 운동하는 것을 보고 싶었다. 야나기다 연구진은 ATP에 의해 에너지를 받을 때 단일 단백질 분자가 하는 운동을 관찰하는 방법을 개발했다. 여기에는 분자가 형광을 내게 하는 것과 같은 기술이 숨어 있었다. 그래서 현미경에서 분자에 레이저를 비추면 분자는 등대처럼 빛을 내서 자신의 위치와 운동을 나타내주었다. 이 기술에서는 '핸들'로 사용할 작은 구슬을 액틴 섬유의 끝에 매달았다. 에너지를 얻은 미오신 분자가 액틴을 따라서 움직이는 동안, 레이저에서 온 빛의 압력은 액틴에 매달린 구슬에 초점을 맞추어서 액틴을 제자리에 붙잡았다.

야나기다 연구진은 섬유를 붙잡고 미오신 단백질에 ATP 분자들을 주면서 단일 미오신 단백질이 액틴 섬유를 따라서 일으키는 작은 움직임들을 검출하여 측정할 수 있는 단계에 도달했다.

그들은 관찰을 통해 근육이 시계장치처럼 작동한다는 생각을 지워버렸다.

ATP 연료 분자 한 개를 미오신에 준다면 그것은 근처에 있는 액틴 섬유를 따라서 한 걸음으로만 반응하지 않는다. 두 걸음, 세 걸음 또는 다섯 걸음을 걸을 수도 있다. 심지어 뒤로 걸을 수도 있다. 즉 반대 방향으로 끌어당기는 것이다. 미오신 분자는 마치 줄타기 곡예사의 위태로운 몸짓처럼, 액틴 섬유를 따라서 일정한 패턴 없이 거의 마구잡이로 춤을 추는 것으로 보였다.

이뿐만이 아니었다. 같은 분자가 항상 같은 일을 하는 것은 아니었다. 때로는 앞으로 몇 걸음을 가지만 때로는 뒤로 몇 걸음을 물러나기도 했다. 또 때로는 전혀 움직이지 않았다. 야나기다 연구진은 같은 조건에서의 서로 다른 미오신 분자들을 비교하여 또다시 거의 마구잡이인 결과를 얻었다. 즉 연료 한 단위를 주면 서로 다른 분자들은 서로 다른 수만큼 걸었다.

이러한 각각의 사례들은 그 자체로는 그렇게 중요해 보이지 않는다. 생물학은 괴상한 것들로 가득 차 있다. 사람과 식물은 좀처럼 예상에 딱 들어맞는 모습을 보이지 않는 매우 복잡한 것이다. 그러나 과학자들이 발견한 대로 비슷한 이야기가 모든 종류의 미소 생물학 과정들에서 모이고 있다. 끊임없는 움직임은 근육의 경우에만 국한되는 것이 아니다. 많은 경우에 있어서, 거의 마구잡이에 가깝거나 알아보기 어렵거나 예측 불가능한 특성을 보이는데, 이러한 성질들이 바로 세포에서 화학물질을 운반하는 운반체 분자, 정확한 기능을 지닌 모양으로 접히는 단백질 접힘, 효소의 작용, 심지어 DNA 분자의 기능 수행 등과 같은 생명의 기초가 되는 세포 과정들의 근본인 것으로 보인다. 생명의 기본 메커니즘을 연구하는 과학자들은 알아보기 어렵고 마구잡이이고 예측 불가능해 보이는 세계를 인정할 수밖에 없었다.

그렇게 많은 미소 기계들이 마구잡이로 움직이는 것처럼 보이는데 생명은 어떻게 작동을 할 수 있을까? 어떤 공학자가 그와 같은 기계를 만들었을까? 분명히 더 좋고, 더 효율적이고, 더 믿을 만한 방법이 있지 않을까?

그러나 과학자들은 생명의 기계에는 다른 방법이 없다는 것을 깨닫기 시작했다. 저항해도 소용없다. 끊임없는 움직임을 피할 수 없기 때문이다.

중간세계

항상 움직이는 근육과 항상 움직이는 꽃가루는 어떤 공통점이 있을까? 답은 크기다.

크기가 문제가 된다. 브라운이 보았듯이, 예측할 수 없는 패턴으로 끊임없이 움직이는 것은 단지 꽃가루만이 아니었다. 금속과 점토의 입자도 마찬가지였다. 1827년에 런던에 자유롭게 공급되던 석탄 먼지의 티끌도 모래 티끌도 역시 춤을 추었다. 브라운의 춤추는 물체들은 크기가 비슷하다는 공통점이 있었다.

가장 작은 것은 지름이 1,000분의 1밀리미터였다. 가장 큰 것은 아마도 1,000분의 5~10밀리미터였을 것이다. 그것들은 모두 사람 머리카락의 100분의 1에서 10분의 1 크기에 해당한다. 이는 매우 특별한 크기다. 이 크기의 물체에서 일어나는 일, 이런 크기에서 일어나는 일은 우리 모두와 관련이 있다. 그것은 우리가 존재할 수 있게 해주고 우리가 기능을 수행할 수 있게 해준다.

DNA, 바이러스, 우유의 수분에 떠 있는 지방 입자, 머리를 감을 때마다 문지르는 선형의 머리카락 분자, 비누를 만드는, 친수성 머리와 소수성 꼬리가 있는 양쪽성 분자처럼, 우리 우주에는 실제로 이런 크기의 매우 중요한 물체들이 있다는 것이 밝혀졌다.

목록에는 오사카 대학의 야나기다 연구진을 통해 알려진, 줄타기 행동의 위태로운 움직임과 비슷한 모습을 보이는 미오신 단백질도 포함된다.

이 책은 사람 머리카락 굵기의 100분의 1에서 10분의 1 사이의 크기를 가진 것들의 우주에 대한 이야기다. 이런 우주를 나는 '중간세계middle world'라고 부를 것이다.

브라운은 중간세계를 보고 깜짝 놀랐다. 이전에도 현미경으로 발견한 이상한 것들에 대하여 기기한 소문이 있었지만 선입관이 없었던 이 스코틀랜드 인 식물학자는 최초로 중간세계에 적합한 항해를 시작한 사람이었다. 앞으로 볼 것처럼 대부분의 과학자, 심지어는 아주 위대한 과학자도 그런 중간 크기에서 중요한 일이 일어나고 있는지는 결코 상상하지 못했다.

브라운 이후 거의 200년이 지났지만 우리는 중간세계의 전체를 알지 못하고 있다. 전자와 핵, 쿼크와 초끈superstring•, 양자의 불확정성 등 가장 작은 크기에서 기묘한 일들이 일어나는 원자 세계에 대해서는 수많은 책들이 있다. 이런 것들은 모두 1,000분의 1밀리미터보다 훨씬 작고 브라운의 춤추는 꽃가루 세계보다 훨씬 더 작은 것들이다. 이렇게 작은 크기의 정반대 쪽에는 커다란 크기로 우주를 나타내는 은하, 대폭발, 블랙홀 등 우주적인 여러 가지가 있다. 이런 것은 100분의 1밀리미터보다 훨씬 더 크다. 즉 브라운의 세계보다 훨씬 더 크다.

이 이야기가 전해주는 메시지 중 하나는 중간세계가 중요하면서도 흥미로운 곳이라는 것이다. 중간세계에서 일어나는 일을 알아보려고 연구하고 있는 과학자들이 많이 있다. 그들은 흔히 자신들의 연구를 중시中視, mesoscopic 연구라고 한다. 이 말은 그리스 어로 중간을 뜻하는 'meso'라는 말에서 따온 것이다. 중시는 쿼크와 원자 같은 미시微視, microscopic 크기와 모래, 자갈, 사람, 집, 행성, 은하 같은 거시巨視, macroscopic 세계의 중간이다.

중간세계는 많이 이야기되지 않기 때문에 흥미롭지 못하다. 하지

• 역주: 기본 입자가 점이 아니라 끈이라는 이론. 초끈 이론의 일관성을 위해서는 우주의 시공간이 10차원이어야 한다.

만 그곳에서는 물질이 다르게 행동한다는, 훨씬 더 중요한 점이 있다. 중간세계는 구성원들의 행동을 전반적으로 나타내는 한 가지 사실 때문에 특별하다. 이것이 바로 식물학자인 브라운이 달맞이꽃의 꽃가루 입자를 현미경으로 보았을 때 마주친 첫 번째 사실이다.

중간세계의 물체는 가만히 멈추어 있지 않는다.

물질과 생명의 핵심은 끊임없는 운동

그렇다면 이 책은 중간세계에 대한 이야기이며, 그곳은 가만히 있는 것이 하나도 없는 세계일 것이다. 따라서 항상 움직이는 구성원들에 대한 이야기다. 과학자들은 물질과 생명의 항상 움직이는 핵심에 대한 이야기를 알아가고 있다.

이 항상 움직이는 세계에서는 많은 일들이 일어나고 있다. 브라운이 1827년에 최초로 중간세계를 방문한 이래로, 약 200년 동안 우리는 그것에 대해 조금씩 알아가고 있다.

중간세계 이야기는 현대의 물질, 기술, 생명에 대한 생각에 매우 중요한 의미가 있는 이야기다. 비록 약 200년 전에 시작되었지만 그 뿌리는 고대 그리스에서 서구 과학이 시작될 무렵까지 거슬러 올라가며 아마도 40억 년 전의 생명의 기원으로까지도 더 올라갈 수 있다.

그것은 항상 움직이는 꽃가루와 단백질의 이야기, 그 이상의 이야기다. 모든 종류의 과학과 모든 종류의 사람, 즉 우연한 발견, 철학적 모순, 수학적 천재, 집요한 실험에 대한 이야기다. 그것은 물리학, 생물학, 식물학, 화학에 대한 이야기이며, 역사와 사람에 대한 이야기도 된다. 또한 그것을 둘러싼 세계를 이해하려고 싸우는 사람들의 이야기다. 그들은 과학하고만 싸우지 않으며 정책, 철학, 선입견, 무지, 질병, 실망, 사고와도 싸운다.

그것은 고대 그리스에 대한 이야기이며, 마지막 중세 화가, 최초의 근대 과학자, 산업의 선구자 그리고 우리의 용기 있는 탐험가이자 항상 현미경을 지니고 다녔던 식물학자에 관한 이야기다. 또한 역사에서 세 번째로 위대한 과학자에 대한 이야기이며, 자신의 생각이 세계를 변화시켰지만 호텔 방의 들보에 목을 매어 생을 마감한 오스트리아 인에 관한 이야기다. 그것은 아인슈타인의 업적 중 가장 덜 알려졌지만 아마도 가장 중요한 돌파구였을 것에 대한 이야기이며, 프랑스 주식시장에 관한 이야기, 퀴리 부인의 연인에 관한 이야기다. 나일론 스타킹, 분자 트럭, 나노기술, 주방 세제 등등……, 그리고 생명의 기원에 대한 이야기다.

그것은 현재 가장 흥미로운 과학, 즉 우리의 생명에 관한 지식의 경계 뒤에 숨어 있는 몇 가지 이야기다. 생물계는 어떻게 주위에서 물질과 에너지 자원을 얻는 방법을 발달시켰을까?

식물학자인 브라운 이후 거의 200년 만에 과학자들이 중간세계에서 일어나는 일을 마침내 이해하기 시작함에 따라, 중간세계 이야기는 생명의 비밀들 중 하나를 내포할 수도 있게 되었다. 역설적이게도 브라운은 달맞이꽃 꽃가루를 조사함으로써 생명이 어떻게 작용하는가 하는 더 커다란 의문을 연구하기 시작했었다. 결국 그는 자신의 관찰이 생명과 아무런 연관이 없다고 결론 내렸지만, 그는 생명을 가능하게 해주는 중요한 과정들 중 하나를 정확히 본 것으로 보인다.

바로 중간세계의 필연적인 '끊임없는 움직임' 말이다.

02

중간세계의 우연한 발견

나이른과 엘긴으로 가는 도로에서 약간 벗어난 인버네스의 동쪽 지점으로 가면, 지형지물이 없는 탁 트인 공간에 세찬 바람이 부는 쿨로덴 무어라는 곳이 나온다. 그곳에는 오래된 비석들이 모여 있는데, 이 비석들은 이끼에 덮여 있어 눈에 잘 띄지 않는다. 각 돌에는 가문 이름이 새겨져 있지만 스코틀랜드의 기후에 수백 년 동안 풍화되어 일부는 거의 판독할 수조차 없는 상태다. 비석들은 다만 많은 사람들이 영면한 자리를 표시하고 있을 뿐이다. 이곳은 거대한 묘지다.

쿨로덴은 영국 본토에서 마지막 육상전투가 벌어졌던 장소다. 1746년의 4월 어느 추운 날 정오경에, 찰스 왕자•의 하일랜드 반군은 조

• 역주: 제임스 II세(스튜어트 왕조의 왕, 1685~1688년 재위)의 손자 찰스 에드워드(1720~1788). Bonnie Prince Charlie라고도 한다.

지의 아들인 컴벌랜드 공작이 지휘하는 조지 II세•의 정부군과 만났다. 그곳에서 약 30분 만에 하일랜드 반군의 희망은 진압되었다.

그 전투에서 죽은 사람들은 그 자리에 바로 묻혔다. 시체를 확인하는 과정도 거의 이루어지지 않았다. 하일랜드 사람들은 단지 가문으로만 분류되었다. 시체들은 커다란 구덩이에 집단 매장되었다. 작은 돌비석도 한 세기가 지난 1881년이 되어서야 세워졌다. 비석들은 죽은 사람들의 가문을 표시하고 있다.

그중 한 비석 아래에는 스코틀랜드 포파Forfar 마을 출신의 존 브라운John Brown이라는 농부가 묻혀 있다. 1746년 4월 16일 비 오는 날 아침, 그는 이 황야에서 하일랜드 대열의 두 번째 줄 중앙에 대기하고 서 있었다. 포파셔Forfarshire에는 이웃과 친구 들이 있었겠지만, 당시 그 주위에는 낯선 사람들뿐이었다. 그와 주위에 서 있던 사람들은 지역의 백작 아들인 20세의 오길비Ogilvie 경이 세운 연대에 속해 있었다. 이 충성스러운 농부들의 연대는 스코틀랜드와 잉글랜드의 진정한 왕위 계승자 찰스 왕자의 명분을 위하여 싸울 작정이었다.

그들은 아마도 자랑스러웠을 것이다. 동시에 겁도 났을 것이다. 확실한 것은 그들이 나머지 하일랜드 사람들과 마찬가지로 지쳐 있었다는 점이다.

전날 밤에 하일랜드 군대는 새벽 기습을 하고자 정부군 진지로 비밀스럽게 행군을 시도했었다. 그것이 과감한 공격으로 이어졌다면 정부군을 놀라게 하여 역사가 바뀌었을 것이다.

진창만 없었어도 그랬을 것이다. 하일랜드군은 진창에 빠져 허우

• 역주: 조지 II세(하노버 왕조의 왕, 1727~1760년 재위).

적거리는 바람에 어둠 속에서 길을 잃었고, 새벽이 지난 후에도 정부군의 진지에 도달하지 못했다. 때는 이미 늦었다. 그들은 공격을 하기에는 너무 지치고 사기가 꺾여 있었다. 하일랜드군은 되돌아서서 바로 쿨로덴으로 갔다.

하지만 곧바로 컴벌랜드 공작이 이끄는 정부군이 추격해 왔다. 정오경에 양쪽 군대는 쿨로덴 무어를 사이에 두고 겨우 275미터 정도 떨어져 마주 보고 늘어섰다. 정부군은 생기가 넘쳤고, 만반의 준비가 되어 있었으며, 추격에 성공했다는 사실에 사기가 높아져 있었다. 반면에 하일랜드군은 지쳐 있었고, 분열이 일어났으며, 기습 실패로 사기는 땅바닥에 떨어져 있었다.

진눈깨비가 하일랜드군 앞쪽으로 몰아쳤다. 그들은 명령권자인 찰스 왕자가 공격준비 명령을 내리기를 기다렸다. 대기하고 있던 하일랜드군은 떨어지는 대포와 포도탄 때문에 사상자가 늘어갔다. 부족들 사이에서는 공격을 하자는 소리들이 성급하게 터져 나오기 시작했고, 일부에서는 다툼이 일었다. 또 반역을 포기하고 흩어지려는 쪽도 생겨났다.

마침내 찰스는 명령을 내렸다. 수백 명이 고함을 지르며 돌격했고 검과 비수를 휘두르며 불굴의 용기로 적을 향해 몸을 던졌다. 부족들은 온 힘을 다했다. 이 무서운 돌격은 하일랜드군의 지난 1년 동안의 반역을 성공으로 이끈 비밀이었다. 그러나 이번에는 결정적인 전투를 위해 단단하게 마음먹은 정부군이 견고하게 서 있었다. 그들은 대포를 이용해, 공격해오는 하일랜드군을 계속해서 죽여 나갔다. 때문에 적군의 최전선을 통과한 부족원들은 모두 혼자가 되어 무방비 상태가 되었다. 전투는 반 시간 정도 지속되었다. 시체들이 황무지에 나뒹굴었고 그 대부분은 하일랜드군이었다. 반역은 끝이 났다.

이날 하일랜드군에게 일어난 일에 대한 기록은 거의 없으며, 따라서 우리는 포파에서 온 존 브라운이 어디에서 죽었는지 확실하게 알 수 없다. 머스켓총의 연기가 사라지고 부상자들의 울음이 잦아듦에 따라, 존 브라운의 시체는 수거되어 황무지 한쪽 구석으로 운반되고 다른 오길비 경을 따랐던 사상자들과 함께 커다란 구덩이에 던져졌을 것이다.

하지만 존 브라운은 후세에 무언가를 남겼다. 그에게는 아들 제임스가 있었다. 제임스에게도 아들이 있었다. 제임스의 아들인 로버트는 훗날 과학자가 되었다.

과학자가 되기까지

로버트는 1773년 크리스마스 나흘 전에 태어났다. 브라운 가문은 스코틀랜드의 동부 해안에 있는 작은 마을인 몬트로즈에 집을 마련했다. 몬트로즈는 북쪽의 애버딘과 남쪽의 테이 강 사이에 있었다. 죽은 반군 존의 아들인 제임스는 스코틀랜드 감독교회파의 완고하고 반체제적인 목사로서, 최후로 꺼져가는 스코틀랜드 자코바이트(망명한 영국왕 제임스 II세의 지지자)의 저항을 진압하는 형법을 기발한 방법으로 끈질기게 피해 다닌 인물이었다.

당연히 제임스의 권위에 대한 집착과 경멸이 아들인 로버트에게 영향을 미쳤다. 그런 영향에는 독립심과 독창성을 넘어, 과학자에게는 필수적인 제3의 구성요소인 호기심이 있었다. 어렸을 적 로버트는 호기심이 많은 아이였다. 그는 스코틀랜드의 시골을 돌아다니며 소년 시절을 보냈다. 그냥 돌아다니기만 한 것이 아니라 주의 깊게 주위 자연 세계를 조사하고 관찰했다. 그는 스코틀랜드의 언덕들을 화려하게 꾸민 모든 것에서 자연의 백과사전을 읽는 법을 배웠다.

로버트는 먼저 지역의 중등학교에서, 그다음에는 애버딘에 있는 유명한 매리셜 대학Marischal College에서 탄탄한 교육을 받았다. 대학에서는 철학과 수학을 공부했으며 식물학 강의를 들었다는 기록도 있다. 식물학은 그의 평생을 지배하게 되었다. 1790년에 브라운가家는 에든버러로 이사를 하고 그곳에서 제임스 목사는 에든버러 비국교도의 한 작은 집단을 이끄는 지도자가 되었다. 로버트는 당시, 세계 의학의 중심이던 에든버러 대학에서 의학 공부를 계속했다. 에든버러에서 제임스 브라운의 경력은 오래가지 못했다. 그는 1791년에 뇌출혈로 사망했다.

그때 이미 로버트는 과학자로 활약하고 있었다. 더 정확하게 말하면, 그는 식물학자가 되는 길을 제대로 걷고 있었다.

과학 열풍

18세기 말에 식물학은 과학 이상이었다. 대중들은 식물학에 열광했다.

하지만 21세기에는 최첨단 장비와 천연색의 컴퓨터 그래픽, 강력한 현미경과 레이저를 갖춘 분자생물학 및 유전학, 단백체학, 생물물리학 같은 학문이 가장 매력적인 생명과학으로 보인다. 반대로 식물학은 생물학자가 되려는 젊은이들에게 흥미를 주지 못하는 듯하다. 그러나 모든 현대 생물학 분야들은 이 수수한 사촌 학문에서 막대한 도움을 받고 있다.

18세기 말과 19세기 초에는 전 유럽에 걸쳐서 거의 모든 사람들이 전문적이든지 아마추어적이든지 원예에 심취해 있었다. 예를 들면, 소설가 조지 엘리엇George Eliot[•]은 1856년의 〈일프라콤[••] 저널〉에서, 친구들과 함께 데본기 해안을 따라 늘어선 암석으로 된 석호에서 식물과 생물 표본을 열심히 수집하며 보낸 휴일을 서술했다. 어느 곳을 가더라도 식물을 수집하는 가장 좋은 방법과 시료를 담을 가장 좋은 용기, 희귀한 종들을 찾을 수 있는 가장 좋은 장소를 상담해줄 지역의 전문가가 있었다(그들은 아마도 성직자이거나 교사였을 것이다).

이 유행을 따르는 열광자들은 어머어마한 결과를 이끌었다. 18세기 말과 19세기 초의 열광적인 자연론자들은, 그중 몇몇은 박물관 및 식물원과 관련된 전문가들이었지만 대부분은 자신들이 실제로 여행하고 본 것들에 매료된 단순한 아마추어이거나 호기심 많은 현지인 혹은 여행가 들이었다. 그들은 실로 우리의 우주에 대한 개념에 위대한 혁명을 일으킨 진화 이론의 기반을 조성했다. 지구를 뒤덮는 종들의 네트워크를 지도로 만드는 막대한 노력이 없었다면 진화의 기본적 유형을 결코 알아챌 수 없었을 것이다. 인류는 유전학도, DNA도, 결국에는 생물과학도 전혀 가지지 못했을 것이다.

• 역주: 조지 엘리엇(1810~1880)은 영국 빅토리아 시대의 여류 소설가로, 본명은 메리 앤 에번스(Mary Anne Evans)이고 엘리엇은 필명이다. 소설 《미들마치》 등과 시집 등을 발표했다.

•• 역주: 일프라콤(Ilfracombe)은 영국 남서부의 해안 유원지다.

식물학자로의 성장

1790년에 에든버러로 온 로버트 브라운은 리스Leith해변과 머셀버러 같은 장소를, 해안을 따라 돌아다니며 식물을 수집했을 뿐만 아니라 자연사 강의에도 출석했다. 그는 여름방학 동안에 친구들과 하일랜드로 여행을 가서 그곳 식물을 수집했다. 그는 식물상相에 열광하는 사람들과 사귀면서 에든버러의 리스워크Leith Walk에 새로 생긴 식물원 주변을 자주 찾았다. 또한 시간이 나는 대로 스코틀랜드 언덕을 거닐었으며 가끔 멍고 파크Mungo Park라고 하는 학생과 그 길을 동행하기도 했다. 파크는 후에 유럽 인들이 한 번도 가보지 못한 아프리카 내부를 탐험한 스코틀랜드의 가장 유명한 탐험가가 되었다(로버트 브라운 역시 이후에 또 다른 신비한 대륙인 오스트레일리아를 탐험했다). 브라운은 알려지지 않은 종과 이상한 이끼류, 히스를 찾으려고 에든버러 주변의 언덕들을 헤집고 다녔으며, 거기서 수집한 시료들을 리스워크 식물원으로 가져갔다. 그는 18세가 되던 해에 그 당시 스코틀랜드 식물상에 대한 표준 교과서의 잘못을 지적하는 논문을 써 에든버러 자연사학회에 제출했다. 그리고 1793년에 식물을 설명하는 책을 편찬하기 시작했다. 이때 상세한 부분들에 대해 나타낸 세심한 주의력은 그가 나중에 한 주의 깊은 실험과 과학적 연구를 미리 보여주는 것이었다.

브라운은 의학 공부를 계속했지만 마음은 거기에 있지 않았으며 대학을 졸업하지도 않았다. 자격과 시험 등급이 지배하는 오늘날의 세상이라면 그는 결코 과학자가 될 수 없었을 것이다. 그러나 그는 공식적인 대학 졸업장은 없었지만 실험에서 더 많은 것을 얻었다.

젊은 날 스코틀랜드 언덕들을 헤매며 생물 세계에 대해 깊이 깨닫게 되었다. 1793년에 브라운은 대학 공부를 중단하고 1794년 10월에 세인트앤드루스에서 멀지 않은 작은 마을인 쿠퍼Cupar에 자리를 잡은 새로운 파이프셔 펜서블Fifeshire Fencible 연대에 소위로 임명되어 갔다.

브라운은 곧 연대와 함께 아일랜드로 파견되었다. 파견은 그에게는 이상적인 기회였다. 아일랜드에서는 프로테스탄트 잉글랜드 인과 가톨릭 아일랜드 인 사이의 다툼이 점점 커져 갔지만 파이프셔 펜서블 연대는 거의 활동을 하지 않았기 때문에 브라운은 새롭고 놀라운 식물이 가득한 미지의 장소에서 수집할 수 있는 시간이 많았다. 1795년 봄에는 그의 불완전한 의학 공부도 쓸모가 있게 되었다. 그는 연대의 부의무관으로 임명되었다. 브라운은 곧 아일랜드에서 자신이 이용할 수 있는 식물학 장비와 사람들에 익숙해졌다. 그가 여러 식물학 열광자들과 주고받은 편지를 보면, 식물의 구별법에 대한 논쟁과 주의 깊은 식물 설명, 최신의 발표들에 대한 의문들이 많이 나타나 있다. 그럼에도 그는 이따금씩 인근에 식물학을 연구하는 조직이 없는 것을 불평했다. 예를 들면 그가 발견한 것을 이미 알려진 시료들과 비교할 수 있는 확립된 '식물표본집'이 거의 없었다. 그는 한 편지에서 그 당시의 생활환경을 말하며 '더 이상 수박 겉핥기로 과학을 하지 않을 것이다.'라고 썼다. 그는 최악의 상태였다.

군대 생활이 모두 식물 연구만 할 수 있는 것은 아니었다. 브라운은 군사훈련에서 간혹 흐리멍덩한 모습을 보이기도 했다. 그는 결투에서 총상을 입은 동료나 성병 걸린 군인 들을 치료하는 등의 의무 활동을 했는데, 한번은 '단지 구경꾼들을 만족시키기 위해서' 분명히 익사한 사람을 소생시키려고 노력하는 척까지 했다. 연대 생활에는 사교활동도 있었다. 브라운은 포도주 몇 잔에서부터 포트와인 몇 병에 이르기까지, 진 펀치에서 사이다까지, 자신이 마신 술의 양을 일기에 정확하게 기록했다. 사실 음주는 서양 주사위놀이와 함께 습관이 되어, 브라운은 여기에 큰 비용을 쓰기 시작했다. 또 그는 바이올린을 연주했으며 독학으로 독일어를 공부했다. 그리고 브라운은 자신의 의학적 증상에 대해서는 더 정확한 일들을 일기에 기록했는데, 여기서 그가 노년기에 나타낸 건강에 대한 다소간의 지나친 의심증을 예견할 수 있다. 결국 군대의 일상적 일과는 지루해지고 변화나 진보가 보이지 않기 시작하여 로버트는 그 해결법을 궁리했다.

1798년에 그는 런던을 방문해 귀족 출신의 과학자 조셉 뱅크스 경 Sir Joseph Banks을 소개받았다.* 브라운의 판단력은 전적으로 현실적이었다. 그는 당시 영국에서 가장 훌륭하다는 뱅크스의 소장품에 포함되어 있는 스코틀랜드의 시료를 연구하고 싶었다. 조셉 뱅크스 경은 뛰어난 사람으로 과학의 모든 분야를 다루고 있었고, 영향력 있는 많은 클럽과 학회의 회원이었으며, 왕의 친구이기도 했다. 그리고 그는 지난 20년 동안 영국 과학자들의 최고 단체인 왕립학회의 회장이었다. 유명하지 않은 26세의 로버트 브라운은 소호 광장의 집에 있는 뱅크스의 소장품에 접근하고자 두 단계를 거친 소개를 받아야 했다.

뱅크스는 식물 소장품에 접근할 수 있다는 즉각적인 이점 외에도 사귈 만한 가치가 충분히 있는 인물이었다. 브라운이 뱅크스의 집을

● 브라운은 런던에 있는 동안 식물 채집을 할 수 있었으며, 핌리코와 배터시 주위의 수로와 템즈 강의 제방 주변에서 시료를 수집했다.

처음 방문한 것은 두 사람 사이의 오랜 교제의 시발점이 되었다.

뱅크스는 30년 전에 쿡 선장의 첫 오스트레일리아 방문에서 선박 자연학자로 이름을 알렸었다. 뱅크스의 수집 활동에 영감을 얻어서 쿡 선장은 유명한 지명인 보터니Botany 만의 이름을 지었다. 그리고 뱅크스는 결국 브라운을 새로운 대륙에 다시 보내어 자신의 발자취를 따르게 했다. 그 당시 '뉴 홀란드New Holland'라고 불리던 오스트레일리아에서 젊은 로버트 브라운은 진정으로 자신의 과학적 능력을 연마하게 되었다.

신세계로의 여행

1801년은 대양을 여행하기에는 계제가 좋을 때는 아니었다. 영국과 프랑스는 해양 패권을 차지하고자 필사적인 투쟁을 벌이고 있었으며 나폴레옹은 사납게 유럽 대륙으로 돌진했다. 나폴레옹의 무적의 전술에 도전할 수 있는 곳 중의 하나는 바다였으며, 자연히 섬나라인 영국이 그런 도전을 했다.

전쟁 때든 전쟁 때가 아니든 과학자는 연구하기를 원한다. 프랑스와 영국의 배들은 모두 신대륙, 새로운 식물, 새로운 생물을 찾아서 대양을 항해했다. 조셉 뱅크스 경은 오스트레일리아의 뉴사우스웨일즈가 천연자원을 개발하기에 적당하다고 믿고 그 지역의 내륙을 탐험할 항해 계획을 품고 있었다. 뱅크스는 사정이 어려운 해군으로부터 인베스티게이터Investigator라는 배와 그것을 운행할 플린더스Flinders라는 선장을 겨우 구할 수 있었다. 그러나 상주하는 박물학자가 없으면 탐험 여행은 이루어질 수 없었다.

로버트 브라운이 오스트레일리아 항해에 끼어든 것은 어느 정도는 우연이었다. 1801년에 이미 뱅크스는 세상을 돌아다니기에는 너무 나이가 들어 있었다. 뱅크스는 이전에 브라운의 에든버러 시절 옛 친구인 멍고 파크를 수마트라와 감비아 탐험에 고용한 적이 있었다.• 하지만 파크는 이번 오스트레일리아 탐험 제안을 거절했다. 셀커크에서 온 의사의 딸과 곧 결혼을 할 참이어서 돈이 필요했는데, 그 박물학자 자리는 월급이 박했기 때문이었다(그가 뱅크스를 만나서 설명한 것처럼 '스코틀랜드에서 결혼하려면 돈이 필요'했다).

파크가 거절하자 젊은 로버트 브라운이 추천되었다. 브라운의 친구 한 사람이 "그는 스코틀랜드 사람으로서 냉정한 마음으로 꾸준히 목적을 추구하는 데 적합한 인물이다."라고 뱅크스에게 브라운을 추천했다. 일이 연기되고, 재배치되고, 정치적 책략이 있었음에도 마침내 뱅크스는 1800년 12월에 편지를 써, 뉴 홀란드 대륙 전체를 일주하는 계획에서 해안 조사 임무를 맡는 박물학자 자리를 브라운에게 제안했다. 19세기 초에는 그 대륙이 한 덩어리인지조차도 확실하지 않았다. 일부 사람들은 그것이 커다란 섬들이 모인 것이라고 했다. 브라운의 보수는 일 년에 400파운드였다. 뱅크스의 예측대로라면 그 항해는 최소한 3년은 걸릴 것이었다.

브라운은 그 제안을 수락하는 편지를 보냈다. 27번째 생일인 1800년 12월 21일에 브라운은 더블린에서 우편선에 올랐다. 그는 아이리시해를 건너서 체스터까지 걸어간 후 런던으로 가는 마차를 탔다. 그리

• 두 번의 항해에서 파크는 모두 사망한 것으로 보고되었지만 예상치 않게 살아서 돌아왔다. 하지만 1806년에는 실제로 아프리카에서 콩고 강을 탐험하던 중 실종되어 사망했다.

고 1800년 크리스마스 아침에 런던에 도착했다. 새로운 세계와 새로운 삶이 그를 기다리고 있었다.

오스트레일리아 대륙

인베스티게이터호는 1801년 7월 18일 오전 11시에 포츠머스에서 출항했다. 영국 해협에서 그들은 네 척의 영국 해군 군함을 만나서 바다가 평화로운 무대가 아니라는 첫 증거를 보게 되었다. 그 군함 중에는 나중에 영국의 화가 터너J. M. W. Turner가 그려서 유명해진 테메레르 전함도 있었다. 다음 날에 인베스티게이터호는 괴선박으로부터 포격을 받았다. 공격자들은 수평선에서 군함들이 나타나자 도망을 쳤다. 그들은 건지Guernsey 해적으로, 한정된 방어력을 갖춘 브라운의 배를 우연히 만난 것이었다. 미지 세계로의 여행은 결코 쉬운 일이 아니었다.

게다가 오래된 배는 벌써부터 물이 새기 시작했다. 선상 천문학자는 뱃멀미로 움직일 수 없게 되었다. 브라운은 전에 배를 타본 적이 없었지만 다행스럽게도 잘 견뎌냈다. 희망봉을 향해서 남쪽으로 가면서 그들은 곧 아조레스 제도와 마데이라 제도를 지났다. 브라운을 비롯한 식물세밀화가인 페르디난드 바우어Ferdinand Bauer와 브라운의 젊은 조수 피터 굿Peter Good으로 구성된 과학 파견단은 항로에서 만나는 모든 생물을 상세하게 조사하면서 열성적으로 임무를 수행했다. 그들은 바다에서 새로운 거북 종류를 끌어올려서 충실하게 직장 온도를 측정했다. 또 작은 데세르타스Desertas 섬으로 6시간이나 노를 저어가, 민둥 바위 이외에는 과학적으로 흥미로운 것이 하나도 없음을 확인하기도 했다. 그들이 적도에 근접할 때에는 빛나는 해파리 떼가

스쳐 지나갔다. 플린더스 선장은 선원들에게 악몽인 괴혈병을 막고자 부지런히 럼주를 배급하고 라임주스와 설탕을 내놓았다.● 적도를 지나면서 플린더스는 전통적인 선원 의식을 지내려고 넵튠(고대 로마의 바다의 신) 복장을 했으며 나머지 선원들은 술에 매우 취했다. 브라운을 비롯한 선원이 아닌 사람들은 그들의 모습에 그리 놀라지 않았다. 피터 굿은 일기에 '늘 그렇듯 선원들은 밤에는 취해 난폭해진다.'라고 적었다.

10월에 인베스티게이터호는 케이프타운Cape town에 도착했다. 브라운과 과학팀은 테이블 산에 올랐다. 거의 해가 질 무렵에 정상에 도달했고 하산 길에 어둠과 안개 때문에 어려움을 겪었다. 그곳에서 브라운은 식물 채집을 마음껏 즐겼지만 최종 목적지에 비한다면 케이프타운은 교외에 있는 집의 뒤뜰에 불과했다. 그곳에서는 오랫동안 너무 많은 식물 채집을 했기 때문에 새로운 것이 별로 없었다. 그럼에도 몇 년 후 브라운은 케이프타운 근처 산에서 보낸 시절을 '가장 유쾌한 식물 채집 기억 중 하나'라고 회고했다.

인베스티게이터호는 1801년 11월 5일, 전 해군 함대가 가이포크스데이Guy Fawkes Day● 를 기념하는 대포를 쏘는 가운데 케이프타운을 출항했다. 그들은 동쪽으로 순항을 했으며 12월 6일에 '뉴 홀란드' 서쪽 끝을 보게 되었다. 마침내 오스트레일리아에 도달한 것이다.

이제 정말 즐거운 일이 시작되었다. 로버트 브라운의 항해 이전에는 단지 400여 종의 오스트레일리아 식물만이 알려져 있었다. 오늘

● 괴혈병을 막기 위해서는 레몬주스가 더 효과적이지만 당시 의학 전문가들은 이 두 가지를 혼동했다.
● 역주: 화약 음모 사건의 주모자 중 한 사람인 가이포크스(Guy Fawkes, 1570~1606)를 체포한 기념일(11월 5일).

날 알려진 12,000종 정도의 고유한 종들에 비하면 아주 낮은 비율이었다. 결국 브라운은 혼자서 3,000종 이상의 새로운 종을 가져왔다. 처음 3주 동안은 대륙의 남서쪽 말단 부분에서 500종의 알려지지 않은 종을 수집했다. 브라운과 굿은 오늘날 캥거루라고 알려진 것을 비롯한 많은 동물과 새로운 종의 조류, 많은 곤충, 새로운 인류(오스트레일리아 원주민)도 보았다. 브라운은 원주민과의 첫 만남에서 귀'트왕'와 망토'우리트'에 해당하는 단어를 알아듣고 이해했다. 원주민들은 자로 자신들을 측정하려는 유럽 과학자들의 시도에 어리벙벙한, 당연한 반응을 보였다. 과학 활동에는 심지어 플린더스 선장도 참여하여 배의 나침반에 영향을 미치는 자성을 띤 암석의 영향을 관측했다. 그는 영국으로 돌아와서 이 관측을 발표했다.

그들은 한여름에 해안을 따라서 동쪽으로 향했다. 더위는 심해졌고 처음의 훌륭한 시작과는 달리 남쪽 해안은 식물학적인 흥밋거리가 거의 없었다. 브라운은 일사병으로 고생했다. 탐험대는 이동하면서 새들을 대대적으로 사냥했다. 그렇게 한 이유 중 하나는 선원들에게 신선한 고기를 먹여서 괴혈병을 예방하려는 플린더스 선장의 의도가 있었기 때문이었고, 또 그것이 그 당시의 채집 방법이었다. 사람들은 이상하고 새로운 것이 보이면 그것을 향해 머스켓총을 쏘았다. 한때는 두 시간 반 만에 760마리의 '머턴새mutton birds'를 잡은 적도 있었다. 캥거루 섬이라고, 그야말로 적절한 이름이 붙은 섬에서 31마리의 캥거루를 사냥한 것에 비하면, 사냥한 새의 수는 엄청난 것이었다. 사냥한 캥거루로는 50파운드 무게의 머리와 꼬리로 엄청난 양의 스튜를 만들었다.

고국에서 그렇게 멀리 떨어져 있었어도 당시 유럽의 싸움은 잊히지 않았다. 프랑스 군함을 만나자 플린더스는 군사적 행동을 취할 준비를 했다. 다행스럽게도 인베스티게이터호와 비슷한 프랑스의 제오그라프호Le Géographe는 화약과 대포보다는 식물학자와 식물 시료를 더 많이 싣고 있다는 것이 밝혀졌다. 1802년 3월에 평화조약이 체결되어서 공식적으로 그때는 이미 두 나라의 전쟁이 끝난 후였다. 그러나 그 소식은 뉴 홀란드까지는 아직 도달하지 못했다.

1802년 5월에 이미 탐험대는 시드니 근처의 포트 잭슨에 도착했다. 그곳은 오스트레일리아에 있는 영국인들의 중심지였다. 몇 달 동안 선박을 수리하고 식물 채집을 하고 보급품을 싣고서(예를 들어 럼주의 경우 약 5,614리터를 실었다.) 인베스티게이터호는 다시 출항했다. 이번에는 대륙이 한 덩어리인지 아닌지를 알아보고자 대륙 전체를 일주하는 것이 목적이었다. 당시 존재하던 북부 해안의 홀란드 해도海圖는 150년이나 된 것으로서 플린더스 선장에 의하면 '요정 나라 지도'에 지나지 않았다.

11월에 배는 끔찍한 상황에 부닥치게 되었다. 목수들은 몇 달 안에 배 안의 목재가 하나도 남지 않게 될 것이라고 추정했다. 1803년 2월에는 이미 계속된 해안 항해로 부실한 식사가 이어져 선원들이 앓기 시작했다. 자신도 괴혈병을 앓고 있던 플린더스는 과일과 고기의 새로운 공급처를 찾아서 인도네시아의 티모르로 올라가기로 했다. 그들은 보급품을 채운 후 계속해서 시계 반대 방향으로 대륙을 돌아서 포트 잭슨으로 향하는 항해를 계속했다. 선원들은 쓰러져 갔으며 갑판장과 조타수는 영양실조로 죽었다. 마침내 1803년 6월 2일에 물이 새고 부서진 인베스티게이터호는 오스트레일리아 대륙을 일주하여 시드니항으로 돌아왔다.

로버트 브라운은 새로운 세계의 놀라운 야생생물들을 깊이 탐구했다. 조셉 뱅크스조차 가져보지 못한 3,600종의 식물 표본을 얻었으며 그중 3,200종은 완전히 알려지지 않은 것들이었다. 100가지 이상의 새로운 곤충과 동물 표본도 얻었다. 그리고 상당히 믿을 만한 뉴 홀란드 전체 해안의 지도도 작성되었다. 여행의 마지막 단계에서 그들은 그런 탐험이 막대한 대가를 치른다는 것을 깨달았다. 플린더스 선장의 많은 친구와 동료 들이 목숨을 잃었다. 브라운의 믿음직스러운 조수인 피터 굿도 시드니에 도착할 무렵에 죽었다.

식물학은 위험한 일이었다.

조용한 생활로의 복귀

로버트 브라운은 뉴 홀란드에서 일 년 반 동안 표본 수집을 하며 지냈다.• 포트 잭슨과 시드니 같은 비교적 고립된 곳에서 그가 찾아낸 많은 발견은 과학적으로 제대로 대접을 받을 수 없었다. 브라운은 마침내 1805년 10월에 5개월의 여행 끝에 리버풀 항을 통해 영국으로 돌아왔다.•• 브라운은 미술가 동료인 바우어와 함께 런던으로 갔다(바우어가 그린 브라운 표본의 섬세하고 정확한 세밀화는 고전이 되었다).

• 플린더스 선장은 1803년 말에 브라운보다 먼저 오스트레일리아를 떠났다. 그러나 모리셔스 섬에서 프랑스 군에 나포되어 1810년에야 영국으로 돌아갈 수 있었으니, 브라운이 그들과 함께 돌아가지 않은 것이 다행이라 할 수 있다.

•• 브라운은 리버풀로 돌아오면서 살아 있는 웜뱃[오스트레일리아산 초식성 유대(有袋) 동물. 오소리와 비슷함]을 가져왔다. 주인의 무릎에 올라가서 안기기를 좋아했던 웜뱃은 주인 곁에서 2년을 지내다 죽었다.

그들은 11월 5일에 해군 본부에 보고를 했지만 자신들과 이야기를 나눌 사람을 찾을 수 없었다. 결국 그들은 쪽지를 남겨 두고 숙소를 찾기 위해 밖으로 나왔다. 나중에야 그들은 해군 본부에서 그렇게 차가운 대접을 받은 이유를 알게 되었다. 영국해군은 트라팔가 해전에서 나폴레옹을 상대로 싸워서 승리를 거둔 참이었다. 해군 본부의 모든 사람들은 축하 준비에 바빴으며 거의 잊힌 두 여행자와 이야기를 나눌 시간이 없었다.

브라운이 떠나 있는 동안 다른 환경들도 변했다. 뉴 홀란드는 더 이상 낯선 신세계의 '유행'이 아니었다. 그곳은 부분적으로 유해분자와 범죄자 들을 격리하기에 편리한 유형지로 이용되었기 때문에 대중의 시선에 두렵고 불쾌한 곳으로 비춰지게 되었다. 브라운이 모아온 엄청나게 새로운 표본들에도 불구하고, 정치적인 이유로 인베스티게이터호의 탐험은 거의 무시되었다.

그러나 과학자들 사이에서는 브라운의 명성이 높아져 갔다. 한 전문가는 그의 오스트레일리아 수집품을 '어떤 탐험에서 얻은 것보다도 훨씬 더 훌륭한 것'이라고 평가했다. 브라운은 주요 자연사학회인 런던 린네학회Linnean Society의 간사장과 도서관장으로 선출되었다. 새로운 도서관을 열고자 학회가 얻은 건물에 관사를 제공받았다(소호의 제라드 가에 있는 이 공공건물은 한때 터번이라고 불렸다). 조셉 뱅크스는 브라운을 가장 가까운 동료로 신뢰했으며 전통적인 '철학조찬회(목요일에 열렸고 남성만 참가)'와 '지식만찬회(일요일에 열렸고 여성도 참가)'에 그를 초대했다. 브라운은 화학자인 험프리 데이비Humphrey Davy와 수학자인 존 허셸John Herschel, 천문학자인 휴 마스켈린Hugh Maskelyne 같은 선도적 과학자 몇몇과 어울렸다. 그는 곧 품위 있으면서도 건조하며 신랄함이 독특하게 혼합된 위트로 유명해졌다.

사교 활동만 한 것은 아니었다. 5년 동안 브라운은 뉴 홀란드 수집품을 자세하고 꼼꼼하게 검토 및 조사하고 분류했다. 린네학회에서 받은 월급으로 새 현미경을 구입하고, 점차로 참고도서들로 도서관을 채워 나갔다. 1811년에 조셉 뱅크스는 브라운을 자신의 소장품을 관리해줄 사서 겸 책임자로 임명했다.• 뱅크스의 개인 도서관은 거대했으며 그가 소장하고 있던 식물 표본은 세계 최대였던 것으로 보인다. 그때부터 브라운은 일하는 대부분의 시간을 소호 광장에 있는 뱅크스의 도서관 및 소장품 자료실에서 보냈다. 그곳은 1810년대 과학 세계의 중심지였다. 브라운의 항해 시대는 거의 끝나갔지만•• 그의 과학적 연구는 이제 막 시작되었다. 그는 검은 코트와 푸른 바지를 입고 실험실에 앉아서, 무언가 신중한 연구를 할 준비를 했다.

성의 비밀—식물 유형

1810년대와 1820년대 식물학 사상은 후에 찰스 다윈이 구체화할 진화설을 향해 조금씩 나아가고 있었다. 예를 들면 로버트 브라운은, 변이의 수가 많은 식물의 과科는 세계적으로 널리 분포하는 경향이 있지만 변이의 수가 적은 과는 지질학적으로 제한된 지역에서만 자란다는 것을 알아냈다. 환경이 변이를 유도한 것이었다.

브라운은, 자연은 단순한 연속성이 아니라 복잡한 생명의 거미줄

• 원래 있던 뱅크스의 개인 사서는 치질 수술 후 합병증으로 죽었다.

•• 완전히 끝나지는 않았다. 그는 계속해서 유럽을 여행했다. 러시아를 여행하던 중에는 마차가 충돌하는 교통사고를 당하기도 했다.

을 구성했다는 것을 분명하게 알았다. 그는 오스트레일리아 발견물들에 대한 방대한 설명의 서론에서 생물들이 어떻게 '사슬보다는 그물망과 같은 방법을 따라서' 연관되어 있는지를 적었다. 이것은 진화하는 복잡한 체계의 '그물망' 구조에 대한 현대적 생각을 미리 형상화한 것이었다.

1810년에 이미 브라운은 식물 번식의 핵심인 꽃가루의 특별한 중요성을 깨닫기 시작했다. 그는 자주 식물의 속屬이나 종種을 구별하는 확실한 방법 중 한 가지가 꽃가루를 조사하는 것임을 보여주었다.

조셉 뱅크스는 1820년에 77세의 나이로 죽었다. 그는 공식적인 유언으로 자신의 집과 소장품을 브라운이 죽은 후에 영국 박물관으로 이전한다는 조건으로 로버트 브라운에게 증여했다. 브라운은 박물관 자연사 부서의 기반이 되는 식물 소장품 책임자직을 받아들였다. 그는 소호 광장에서 연구를 계속했다. 그는 책, 표본, 현미경 사이에 자리를 잡은 그곳 비품의 일부 같았다.

초기부터 브라운은 현미경과 뗄 수 없는 사이였다. 그는 종의 정확한 설명과 분류는 흔히 세밀한 현미경 조사를 통해 얻어지기 때문에 간단한 목록 작성자에게라도 그것이 얼마나 중요한 도구인지를 보여주었다. 1827년 6월에 로버트 브라운은 목록화의 단계를 넘어섰다.

1827년에 식물의 암컷 배주胚珠가 새로운 세대의 배胚가 되고, 꽃가루가 어떻게든 기본이 된다는 것이 알려졌다. 배주에 접촉하여 수정을 일으키는 데 꽃가루가 필요하다는 것이 분명해졌지만 꽃가루가 어떻게 물리적으로 배주에 도달하는가 하는 의문이 남았다. 몇몇 사람은 불가능하다고 했다. 브라운의 목적은 '수정 과정에서 꽃가루의 행동 방식에 관한 의문을 해결하는 것'이었다.

브라운은 첫 실험에서 달맞이꽃*Clarkia pulchella* 꽃가루를 선택했다. 이 달맞이꽃 이름은 선구적 식물학자인 루이스 클라크Lewis Clark가 북아메리카가 원산인 꽃을 수집하여 붙인 것으로, 꽃은 아름다운 분홍색을 띠며, 학명 중 종명인 '*pulchella*'는 라틴 어로 '아름답다'는 의미다.

브라운의 현미경은 단순함 그 자체였다. 스탠드에 렌즈 하나가 달렸고 그 아래에 관찰할 물체를 놓을 대물대가 있었다. 조절을 할 수 있는 거울로 햇빛이나 촛불의 빛을 비추었다. 모든 것은 진동을 최소화하기 위해 묵직한 마호가니 상자 위에 단단하게 장착되어 있었다. 더 진보된 현미경도 있었지만 브라운은 자신의 간단한 현미경을 고집했다. 좋은 연구를 위한 열쇠는 렌즈의 품질에 있었으며, 이에 따라 훌륭한 능력을 갖춘 광학기구 제조자들이 필수적이었다.

브라운의 현미경 연구는 당시의 과학 사회 전체에서 존경을 받았다. 이는 몇 년 후 청년이던 찰스 다윈이 방문한 것으로도 알 수 있다. 다윈은 비글호의 선상 자연학자로 출발을 준비하던 때인 1831년에, 식물학용 현미경의 가장 유명한 전문가이며 수집 항해의 어려운 조건에서 연구를 한 브라운을 찾아갔다.

브라운을 만난 다윈은 감명을 받았다. 그는 브라운에게 '관찰이 세밀하고 완벽한 정확성을 지녔다.'라고 찬사를 보냈다. 그와 브라운은 다른 공통점도 있었다. 두 사람 모두 에든버러 대학에서 의학을 공부했고, 공식적인 과학 학위를 받지 못한 것도 같았다. 다윈은 중요한 비글호의 여행에서 돌아온 후 전 세계에서 수집한 식물 표본을 로버트 브라운에게 가져갔다.

중간세계의 춤

1827년 6월 12일, 브라운은 이렇게 기록했다. '입자는 분명히 운동을 한다. …… 370배의 렌즈로만 보이며 ……' 그는 논문을 〈철학 잡지 Philosophical Magazine〉에 발표했다. '물에 담가서 이 입자들의 형태를 조사하는 동안 나는 그중 많은 것이 분명히 운동하는 것을 관찰했다.' 이 부분은 과학자들이 물질과 중간세계를 알게 되는 역사에 매우 중요한 결과를 가져왔다.

꽃가루의 야생적인 춤을 본 브라운은 처음에 자신이 일종의 생기를 발견했다고 생각했다. 신비한 생기가 들어 있는 기본 입자인, 유기물질의 '기본 입자'나 '원자'가 있을 수 있다는 생각은 수십 년간 있어 왔다. 그러나 브라운은 건조된 꽃가루와 진(술) 속에 2주 정도 담가둔 입자들까지도 똑같이 끊임없는 운동을 나타낸다는 것을 발견했다. 그는 100년 이상 된 이끼 포자를 조사했으며, 역시 작은 입자들이 계속해서 운동을 한다는 것을 발견했다.

이것은 그가 처음에 결론을 내리려 했던 '생기'가 될 수 없었다. 그는 물속에 퍼진 고무진, 수지, 검댕, 티끌을 조사했다. 그뿐 아니라 창유리, 광물, 금속, 심지어 운석 조각까지도 곱게 갈았다.• 브라운은 그 무엇을 가지고 시도를 하든 아주 곱게 갈 수 있다면 달맞이꽃의 꽃가루에서 본 것처럼 마구잡이 춤과 똑같은 분명한 운동을 볼 수 있었다.

그러나 그는 여전히 만족할 수 없었다. 자신의 관찰에 대해 물의

• 브라운의 기록에 의하면, 그는 이 사이에 끼어 있던, 전날 저녁에 먹은 구운 닭고기 찌꺼기까지도 실험에 사용했다. 심지어는 스핑크스의 작은 조각까지 갈아서 그 입자의 운동을 관찰했다. 대영박물관에서의 그의 지위가 이런 희귀한 시료를 얻는 데 도움이 되었을 것이다.

증발이나 현미경의 흔들림 같은 그럴듯한 실험적 원인을 조사하고자 다음 몇 달 동안 좀더 주의 깊게 실험을 했다. 그는 자신이 본 운동이 입자의 고유한 성질이며 외부 환경과 상관이 없다는 것을 확신하게 되었다. 그는 입자의 크기 효과를 조사했다. 8,000분의 1인치의 입자도 춤을 추지만 10,000분의 1인치 입자보다는 분명히 더 느렸다. 그리고 현미경에 놓인 물방울을 더 높은 온도로 가열하더라도 여전히 운동을 볼 수 있었다.

그는 이런 멈추지 않는 춤은 '생명'보다는 '물질'의 근본이 되는 성질이라고 결론을 내렸다. 이런 작은 입자의 물질세계에서는 죽은 것이든 살아 있는 것이든 어떤 물질도 가만히 서 있을 수 없었다.

〈1827년 6월, 7월, 8월에 시행한 식물 꽃가루에 함유된 입자와, 유기체와 무기체에 있는 활성 분자의 일반적 존재에 대한 현미경적 관찰 설명〉이라는 브라운의 첫 논문은 처음에는 개인적으로 인쇄가 되었다. 브라운은 인쇄된 논문을 친구와 동료 들에게 나누어 주었다. 그 과학적 업적물은 곧 알려져 〈철학 잡지〉와 〈에든버러 신철학 잡지Edinburgh New Philosophical Journal〉에 복사물이 게재되었고 독일어와 프랑스 어로도 번역되었다. 처음 논문에 대하여 논란이 너무 많았기 때문에 1829년에 브라운은 첫 논문이 만들어낸 오해들을 정리하고자 두 번째 논문을 발표했다. 이후 브라운이 '생명의 생기 기본 입자'를 실제로 발견했다는 과학적 '도시풍 신화'가 돌아다녔다. 실제로 브라운의 논문을 읽은 사람은 모두 이렇게 생각하지 않았을 것이지만 늘 그렇듯이 대중들에게는 감각적 흥미로 인한 잘못된 정보가 전해졌다. 왕립연구소의 마이클 패러데이Michael Faraday는 브라운의 결과에 대한 올바른 대중 강연을 하여 잘못을 수정하려고 온 힘을 다했다. 하지만 패러데이의 기록마저도 심지어 브라운이 관찰한 것이 어떤 중요한, '원자나 분자 철학과 연관'이 있을 수 있다는 비과학적 추론으로 결론을 내리고 있었다.

두 번째 논문에서 브라운은 과학과 자신의 연구 배경 모두의 정당성을 주장했다. 몇몇 사람은 그의 결과가 특히 프랑스의 식물학자인 아돌프 브롱냐르Adolphe Brongniart를 통해 이미 알려진 것이라고 주장했다. 브라운은 브롱냐르의 발견을 포함한 현존하는 문헌들에 대한 상세한 요약을 발표하고 그것을 자신의 철저한 실험과 비교했다. 그 운동을 최초로 본 것은 아니었지만 신중하고 철저하게 조사한 것은 자신이 최초였다는 확실한 실례를 들었다. 그는 무기물과 유기물 모두에 대한 광범위한 다른 시료들을 조사했으며 서로 다른 크기의 입자들도 조사했다. 그리고 다른 조건들에서도 실험을 했다. 이 모든 활동은 브라운이 관찰한 운동이 실제로 존재하고, 생명이 없거나 살아 있는 모든 물질의 고유한 성질이라는 결론을 내리는 데 필요한 것이었다.

결국 과학 사회는 브라운의 편을 들었다. 작은 입자들의 춤추는 운동은 결국 '브라운 운동Brownian movement 혹은 Brownian motion'이라는 이름을 얻게 되었다. 브라운은 거의 우연하게, 그것도 죽은 지 몇 년 후에, 발견한 과학자의 이름을 따라 명명하는 최종적인 과학적 영예를 얻게 되었다.

영향을 받지 않는 위대함

이후 몇 년 동안 브라운은 유럽 대륙을 광범위하게 여행했다. 그는 기회가 있을 때마다 춤추는 입자의 시범을 보였지만 그 현상을 더 이상 설명할 수는 없었다.

나폴레옹 시대에는 영국에서 국외로 나가는 것이 금지되어 있었지만, 이제 유럽을 여행하는 것은 일반적인 것이 되었다. 과학자들도 국제적 화해를 복원하는 데 한 역할을 했다. 브라운은 대륙 전체에 걸쳐서 명예를 얻기 시작했으며 프랑스와 독일 모두에서 최고 과학학회의 회원으로 선출되었다. 영국의 몇몇 평론가들은 영국 정부의 과학에 대한 지원 부족과 영국 문화의 과학자에 대한 흥미 부족을 비판하면서 유명한 식물학자인 로버트 브라운이 본국에서보다 유럽 다른 나라에서 더 높은 평가를 받고 있다는 점을 지적했다.

왕립학회의 회장은 과학자가 아닌 조지 Ⅲ세의 아들인 오거스터스 프레더릭Augustus Frederick 공작이 맡고 있었으며, 로버트 브라운은 대영박물관의 소장품 책임자라는, 과학적으로 중요한 자리에 있는 몇 안 되는 과학자 중 한 명으로만 보였다. 브라운은 당시의 여러 정치적 책동에 수완을 발휘하여 왕립지리학회 같은 새로운 기관을 설립하는 것이 유익하다고 설득했다. 마침내 그는 패러데이와 화학자인 존 돌턴John Dalton과 같은 시기에 옥스퍼드 대학에서 명예 박사 학위를 받았다. 그들은 모두 '공식적인' 교육을 받은 적이 없는 사람들이었다. 그들은 주로 주위의 우주에 대하여 독학으로 공부한 사람들이었다.

브라운은 자신의 탐험에서 가져온, 여전히 많이 남은 표본들뿐 아니라 다른 많은 탐험가들에게서 얻은 표본들을 가지고 계속해서 식물을 연구하고 조사하고 설명하고 대조했다. 다윈은 티에라 델 푸에고와 갈라파고스에서 표본을 보내주었으며 1836년에 영국으로 돌아올 때는 브라운에게 더 많은 조사거리들을 가져다주었다. (다윈은 '그가 왜 그것을 원하는지 알 수 없었다. 내게 용기가 있었다면 물어보았겠지만, 나는 로버트 브라운이 매우 어려웠다.'라고 적었다.) 과학자들은 자연 세계의 계통수를 더 분명하게 만들려고 했기 때문에, 현미경이 있든지 없든지 식물학은 여전히 주로 직접 찾아다니며 얻은 것을 목록화하는 것이었다.

브라운은 현미경 연구를 계속했다. 1831년에 그는 난의 수분 작용을 연구하는 동안 최초로 세포핵을 상세하게 관찰했다. 브라운이 말한 것처럼 다른 사람들도 분명히 세포의 어두운 입자인 핵을 보았을 것이다. 그는 최초로 그것이 모든 종류의 식물 세포에 있는 공통적인 특징이라는 것을 깨달았다. 그가 오늘날까지도 생물학자와 식물학자 들에게 유명한 것은 아마도 이 업적 때문일 것이다. 또 브라운은 식물 조직 내부에서 미세 경로를 따라서 유체가 수송되는 것을 관찰했다(오늘날에는 이를 '세포질 흐름'이라고 한다).

일반적으로 과학은 과학자를 부자로 만들어주지 않는다. 1843년에 이미 70세가 된 브라운은 거의 파산 지경에 이르렀다. 건강이 좋지 않았음에도 불구하고 돈 때문에 은퇴하지 못하고 대영박물관에서 계속 일해야 했다. 그를 방문한 어느 미국인 식물학자는 "여전히 수다를 떨고 …… 무미건조한 위트가 많기는 하지만 그는 빠르게 늙어가고 있다. ……그는 모든 것을 알고 있다!"라고 적었다. 그의 친구와 동료 들은 왕실의 연간 예산에서 브라운에게 연금을 주자고 로버트 필 수상을 설득했다. 브라운은 특유의 성격대로 그것을 거절했다. 대신에 1840년에 죽은 옛 친구, 인베스티게이터호의 플린더스 선장의 자손들에게 연금을 주도록 청원했다.

브라운은 사람들 앞에서 말을 잘 하지 않는 조용한, 거의 무미건조한 사람이라고 할 수 있었다. 그러나 그의 집을 방문한 많은 사람들은 난롯가에 혼자 앉아서 우스갯소리와 일화를 늘어놓는 브라운을 볼 수 있었다. 1839년까지도 그는 미국으로 식물 채집을 하러 갈 것이라고 이야기했다. 하지만 미국을 방문하는 대신에 1840년에 그는 더 많은 식물학 회의에 참석하기 위해서 독일을 다시 방문하고 돌아오는 길에 포르투갈에 들렀다. 여행 중에 브라운은 이슬링턴에 있던 루이자 해리스Louisa Harris라는 사람에게 많은 편지를 보냈고, 1843년에는 유언을 적어 보냈다. 하지만 브라운은 여전히 활동을 하고 있었다.

그의 여행은 계속되었다. 그는 1849년에 에든버러로 가는 증기선을 타고 던디와 출생지인 몬트로즈를 방문했다. 그곳에서 브라운은 아버지의 설교 모음집을 보았으며 폐허가 된 옛 교회도 보았다. 그리고 아일랜드로 가서 젊었을 적 군대에 있을 때 자주 들르던 곳도 가 보았다.

1851년에 브라운은 만국대박람회의 위원을 맡아달라는 요청을 받았으나 건강상의 이유로 거절했다. 그는 친구에게 "나는 병약하고 정신도 흐리다."라고 편지를 썼다. 그는 소호 광장에 있는 조셉 뱅크스의 집에서 계속 지냈으며 마지막 식물 표본들이 모두 큐 왕립식물원Kew Gardens과 대영박물관으로 옮겨진 후 거기서 나오는 임대료를 받아 생활했다. 1854년에 81세의 브라운은 몬트로즈를 마지막으로 방문하여 로크나가Lochnagar 산의 정상에도 올랐다. 그곳은 60년 전에 그가 식물을 모았던 장소였다.

브라운은 여전히 대영박물관 식물부에 출근했다. 84세의 나이에 기관지염과 통풍 그리고 자신이 주장하는 '계속적인 나태함과 심한 정신적 혼미'에도 불구하고 여전히 열성적으로 방문객에게 전시물들을 소개했다. 그를 아는 어떤 사람은 "그는 이제 육체적으로는 쇠약해졌지만 그런 것에 영향을 받지 않는 위대한 인격을 지녔다."라고 말했다. 소호 광장의 서점 주인은 말년의 그를 다음과 같이 묘사했다. '항상 검은 옷을 입는 약간 호리호리한 사람이었으며 …… 매우 내성적이었고 낯선 사람이 말이라도 걸 것 같으면 집으로 도망가 버리곤 했다. 그건 불친절해서가 아니라 수줍음 때문이었다. 그러나 짜릿한 일화를 이야기할 때는 주름진 얼굴에서 광채가 났다.'

1858년 6월 초, 의사가 왕진을 오고 모르핀 치료를 시작했다. 교회의 목사가 브라운을 방문해, 그가 죽음을 진지하게 생각하고 있는지 물었다. 브라운은 "오랫동안 자주 생각해 왔지만 결코 두려움은 없다."라고 했다. 의사는 아편의 도움을 받으면 크리스마스까지는 살 수 있다고 말했지만 그는 거절하고 마지막 순간까지 자신의 마음을 스스로 다스리겠다고 했다.

1858년 6월 10일 목요일 오전 9시 50분에 브라운은 숨을 거두었다. 그때는 이미 1827년 여름에 그가 발견했던 이상한 꽃가루의 춤은 거의 잊혀 있었다.

브라운의 중간세계

브라운은 자신이 살던 당시에는 가장 위대한 식물학자로 인정을 받았지만 곧 세상에서 잊혀졌다. 브라운이 죽은 지 한참이 지난 1871년이 되어서야 '브라운 운동'이라는 용어가 만들어졌다. 같은 해에, 소설가이자 열성적인 식물애호가였던 조지 엘리엇은 1831년부터 쓰기 시작한 《미들마치*Middle March*》라는 소설을 발표하기 시작했다. 엘리엇의 소설에는 몇 마리의 '바다쥐'와 로버트 브라운의 새로운 것, 즉 '식물 꽃가루의 현미경 관찰'의 복사본 거래를 협상하는 두 명의 인물이 아마추어 박물학자로 등장한다.

오늘날 과학에서 로버트 브라운은 좀처럼 언급되지 않는다. 생물학이든지 물리학이든지, 대중적이든지 학구적이든지 모두 마찬가지다(한 가지 예외로 빌 브라이슨Bill Bryson이 쓴 《거의 모든 것의 역사*A Short History of Nearly Everything*》가 있는데, 브라이슨은 19세기 과학에서 로버트 브라운의 '어슴푸레한 존재'를 아무리 제거하려고 노력해도 결코 그럴 수 없다는 사실을 발견했다). 브라운이 에든버러 대학을 다녔다는 것을 기념하는 명판은 전혀 존재하지 않는다. 소호 광장에 있던 그의 옛집은 1900년대 초에 20세기 폭스 사의 건물을 짓기 위해 헐렸다. 몬트로즈에 있던 그가 성장한 집도 헐리고 도서관이 들어섰다. 몇 년 전에는 기념 명판이 맨홀 뚜껑으로 사용되고 있는 것이 확인되었다. 런던 북부의 켄살 그린Kensal Green 묘지에 있는 브라운의 비석은 부서져서 보수가 필요하다. 그러나 그의 과학적 명성은 그렇게 마모되지 않았다.

생물학에서 브라운의 식물학 기초 연구는 몇 년 후 다윈의 위대한 통합으로 덮어버렸다. 19세기 물리학은 물질과 에너지의 이론을 만들면서 브라운의 관찰을 계속 무시했다. 브라운의 춤추는 꽃가루에 대한 논문이 발표된 이후 반세기가 넘는 시간이 흐르는 동안 몇

몇 과학자들이 이 '브라운 운동'을 설명하려고 시도했지만, 그것은 호기심 정도에 지나지 않았다. 그것은 쉽게 설명될 수 없지만 그렇다고 해서 큰 의미가 있을 것 같지는 않은 이상한 현상이었다. 브라운은 최초로 중간세계를 들여다보고 보고하였지만 대부분 과학자들의 눈은 여전히 이 이상하고 항상 움직이는 세계에 대하여 굳게 닫혀 있었다.

그런데 왜 로버트 브라운의 춤추는 꽃가루가 19세기 중엽의 과학자들에게 호기심 이상의 것이 되었을까? 증기기관에서부터 전기, 빛의 파동에 이르기까지 생각해야 할 아주 흥미로운 것들이 많은데 사람들은 왜 물 한 방울에 들어 있는 몇 개의 꽃가루 입자들에 관심을 가졌을까?

로버트 브라운의 춤추는 작은 입자들의 행동은 백 년 이상 된 물리과학의 위대한 지식과 모순되기 때문이었다. 계속해서 움직이는 꽃가루는 뉴턴의 이론과 일치하지 않는 것으로 보였다.

피상적으로나마 브라운의 관찰은 물질의 행동에 마구잡이의 가능성이 분명히 있음을 내포했다. 물에 떠 있는 작은 물질 조각들의 끊임없는 춤을 설명하려면 그런 모든 이론은 그 춤을 받아들일 정도로 마구잡이 성질을 가져야만 한다. 물질이 정확하고 결정론적이고 규칙을 따르는 갇힌 운동으로 행동하는 규칙의 어딘가에서 규칙성을 벗어나서 마구잡이 춤을 출 수 있어야 한다.

그러나 물질은 고정된 일정한 규칙을 따른다고 생각되어 왔다. 즉 합리적이고 계산 가능한 힘에 따라서 운동한다고 생각되었다. 이런 규칙들은 위대한 뉴턴에 의해서 17세기 말에 만들어지고, 예를 들어서 행성들의 관측 같은 것으로 증명되었다. 뉴턴의 간단한 규칙에는 마구잡이의 가능성이 전혀 없었다. 당신이 브라운의 결과를 완전히 믿는다면 당신은 무언가가 심각하게 잘못되었다는 것을 인정해야 한다.

그렇다면 브라운이 잘못했을까?

브라운이 그렇게 인내심이 강하고 양심에 따른 관찰자가 아니었다면 그의 관찰을 무시해도 좋았을 것이다. 이는 실제로 다음 반세기 동안 몇몇 과학자들이 해온 행동이었다. 그러나 결국 브라운이 잘못한 것이 아니었으며 브라운은 자신이 본 것을 확실하게 하려고 열심히 노력했을 뿐이었다. 이것은 그가 자신의 실험을 설명하며 적은 논문에 자세하게 반영되어 있다. 잘못은 전혀 없었다. 잘못은 뉴턴에게 있었다.

브라운이 죽은 후에도 다시 바로잡는 데 오랜 시간이 걸린 것은 안타까운 일이다.

그런 일이 어떻게 일어났는지 알려면 그 시대로 다시 돌아가봐야 한다. 뉴턴의 법칙이 있기도 전의 시대로 가면 마구잡이와 혼돈이 그 시대의 주인이었다.

그리고 몇 개의 작고 밝은 이성의 빛이 모든 것을 바꾸려던 참이었다.

03

쾌락의 동산, 결정론의 과수원

예술가인 히에로니무스 보슈Hieronymus Bosch에 대해서는 알려진 것이 별로 없다. 태어난 해도 불분명하다. 그는 최소한 1486년부터 활동한 화가였으며, 1516년에 죽었다. 그 사이에 그는 그림을 그렸다. 특히 혼돈(환상) 세계를 그렸다.

보슈의 작품들은 당시로서는 귀족들이 꼭 가져야 할 것이었다. 그러나 그는 결코 궁정화가가 아니었으며 정교한 예술 세계 전문가도 아니었다. 그는 마리아 성직자단the Brotherhood of Mary이라고 불리는 엄격한 종교적 공동체에 속해 있었으며, 오늘날 네덜란드에 속하는 세르토헨보스's-Hertogenbosch라는 고향을 결코 떠나본 적이 없었다. 그럼에도 그는 그 당시에 국제적으로 유명해졌다. 혼돈(환상) 세계는 대중적인 인기를 끌었다.

몇 세기 후에 심리학자인 칼 융Carl Jung은 보슈가 무의식의 역할에 대한 시각적 예를 극적으로 나타냈다는 것을 발견했다. 보슈는 틀림없이 독특한 부류의 화가였다. 그는 당시의 미술 유행에 정말로 어울리지 않았다. 또 그는 그림에서 지난 중세 시대 사람들의 정신 속에 깊이 숨어 있는 어떤 것을 붙잡아서 그리려는 것 같았다. 그것은 마술과 미신, 알 수 없는 운명에 처한 인간의 무력한 세계에 갇혀 있는 환상적인 악령의 심리와 부도덕한 방종 같은 것이었다. 모든 중세의 핏빛과 무감각한 무질서에서 생겨난 중세 정신이었다.

그의 가장 유명한 그림 하나를 예로 들자면, 〈지상 쾌락의 동산〉이라는 3부작 중 세 번째 것이 있다. 그것은 아주 별난 무법성과 혼란을 보여준다. 발가벗고 자유분방하게 뛰어다니는 사람이 가득한 악몽 같은 풍경이다. 이 그림에는 광기가 있다. 동물과 사람의 무분별한 조합, 끔찍한 악몽에 나오는 비현실적인 동물들이 있다. 그것은 아름답지만 무서운 그림이다.

특히 〈지상 쾌락의 동산〉은 무서운 지식, 즉 중세 정신이 상대하기 어려웠던 근본적인 믿음 체계를 담은 것으로 보인다. 근본적으로 무분별하고, 두렵고, 제멋대로이고, 견디기 어려운 세계관이다. 우연한 기쁨이 가득 차 있는 곳에 무의미한 일탈과 고통, 죽음이 또한 가득 차 있다.

간단히 말해서 이해할 수 없는 세상이다.

대부분의 중세 사람들과 마찬가지로 보슈는 잔인한 모든 혼란 세계에 대해 유일하고 그럴듯한 논리를 눈에 보이는 세계에서 찾지 못했다. 세상을 이해하려면 신을 바라보아야 한다. 신은 계획을 하고 있다. 당신이 그 규칙을 따른다면 신은 당신에게 더 의미가 있는 여생을 보낼 수 있도록 해주었을 것이다.

그런 여생에서는 정의가 작용할 것이다. 당신은 오직 그곳에서 받을 수 있을 만한 것을 얻을 것이다. 이 세계에서의 죄는 다음번에 저주를 받을 것이다. 지금 선하면 나중에는 보상을 받을 것이다. 그것이 무엇이든지, 저주를 받든지 보상을 받든지 우리가 감지할 수 있는 세계 밖에서 일어날 것이다. 눈과 귀를 가진 모든 사람이 보고 들을 수 있는 것처럼 세계는 혼란스럽고 무의미한 혼돈에 지나지 않는다. 보슈는 그것을 볼 수 있었다. 그리고 그것을 계속해서 그렸다.

보슈는 중세 시대 말기에 그림을 그렸다. 그는 혼란스러운 중세 시대에서 온 최후의 전령들 중 한 명이었다. 보슈가 죽은 1516년 무렵에 그 세상은 사라져가고 있었다. 중세 세계의 마구잡이는 질서가 가득 찬 세계로 교체될 준비가 되어 있었다.

규칙 만들기로의 진입

이탈리아의 젊은 과학자 갈릴레오 갈릴레이Galileo Galilei에 대한 유명한 이야기가 있다. 어느 날, 성당에 앉아서 지루한 설교를 들으며 고생을 하고 있던 갈릴레이는 시간을 보내며 기분 전환할 만한 것을 찾고자 주위를 천천히 둘러보았다. 그의 눈은 향로가 달려 있는, 성당 지붕에 높게 맨 사슬에 멈추었다. 사슬이 천천히 한쪽에서 다른 쪽으로 흔들리면서 향이 성당 안으로 퍼져나가고 있었다. 갈릴레이의 주의를 끈 것은 향이나 향로가 아니었다. 사슬이었다. 다름 아닌 사슬이 흔들리는 방법이었다.

오래지 않아서 신출내기 천재는 진자의 법칙을 해결했다.

이 이야기는 진짜일 수도 있고 아닐 수도 있다. 확실한 것은 갈릴레이가 앞뒤로 흔들리는 그런 기다란 사슬이 따라야 하는 규칙을 증명한 진자 분석을 연구하여 발표했다는 것이다. 물론 갈릴레이는 운동의 법칙을 유도하고자 경사면에서 무거운 공을 굴려보고, 중력 가속 원리를 증명하고자 피사의 사탑에서 돌과 깃털을 떨어뜨리는 등, 계속해서 더 유명한 많은 실험을 하고 시범을 보여주었다(두 번째 실험은 가장 기록이 불확실한 과학 실험으로, 낙하하는 물체는 무게에 상관없이 똑같이 떨어진다는 것을 보여주는 것이었다).

소설적인 가공이 있었든지 있지 않았든지 이런 이야기들은 역사에서 중요한 순간들을 보여준다. 당시의 몇몇 혁명적인 사상가들처럼 갈릴레이는 사람들이 세상을 보는 관점을 근본적으로 변화시켰다. 그들은 중세의 혼란, 즉 중세의 무작위성을 규칙으로 바꾸고자 했다. 더욱이 실제로 자연이 작동하는 방법을 직접적으로 관찰하여 규칙을 유도했다. 우리가 생각하는 방법으로 과학이 파악되기 시작했다.

종교 권력 기관에 대한 투쟁, 가택 연금 등 갈릴레이에게 일어났던 일련의 사건은 잘 알려져 있다. 그는 1642년에 죽었다. 한 줄기의 빛이 사그라들었다. 하지만 다행스럽게도 그때는 이미 전에는 매우 드물던 이성의 불꽃들이 함께 나타나, 유럽 전체에 걸쳐서 희미하게 반짝이는 그물망으로 모이기 시작했다. 사물이 어떻게 작동하는지 스스로 알기 원하는 독립적인 생각을 지닌 사람들에 의해서 사상의 그물망이 만들어졌다.

바로 같은 해인 1642년에 북서쪽으로 수백 킬로미터 떨어진 곳에서 또 다른 등불이 타올랐다. 이 빛은 마침내 멀리 떨어져 있는 별인 태양처럼 모든 곳을 비춰주게 되었다. 갈릴레이가 죽던 해에 아이작 뉴턴이 태어났다.

링컨셔에서 나온 법칙

아이작 뉴턴Isaac Newton은 출처가 불확실하지만 과학사에서 가장 유명한 일화를 남겼다.

갈릴레이에게 피사의 사탑이 있었던 것처럼 뉴턴에게는 가문의 링컨셔 사과밭이 있었으며, 거기에서 뉴턴은 머리 위로 떨어진 과일로부터 중력에 대한 진실을 깨닫게 되었다고 전해진다.

일화를 떠나서 뉴턴의 중력이 행성의 운동을 결정하는 방법을 수학적으로 구성한 것은 그때까지 있었던 혼란한 문화에 대한 공격들 중 가장 엄청난 것이었다. 힘이 운동을 발생시키는 방법에 대한 뉴턴의 개념 중 많은 부분은 이미 존재했었다. 일반적으로 '뉴턴의 운동 법칙'이라고 하는 것은 본질적으로 이미 갈릴레이의 업적에 들어 있었다. 그러나 뉴턴은 시선을 우주로 확장했다. 그의 목표는 전 우주를 파악하여 그것을 규칙들 안에 굳건하게 놓는 것이었다. 뉴턴은 탑 위에서 돌을 떨어뜨리는 것에 만족하지 못했다. 그의 연구 자료는 행성 관측 자료였다. 그는 능숙한 천문학자들이 수고하여 관측한 것을 전 우주의 수학 체계 안에서 조립했다.

뉴턴 체계의 근본에는 중력이 있었다. 그의 이론에서 중력은, 작용하는 힘의 효과가 물체의 가속이나 속도 변화의 원인이라고 하는 갈릴레이의 힘의 규칙에 따라서 작용했다. 단번에 신비한 전 우주가 이해할 수 있는 물질과 힘의 현상이 되었다. 그곳에서는 모든 것이 규칙을 따랐다. 중세 세계의 혼란은 사라졌다.

뉴턴이라고 하는 인류 역사상 가장 위대한 천재의 일격을 눈으로 확인하고 싶으면 런던의 킹스크로스 역 모퉁이에 있는 영국도서관 건물을 방문해보는 것이 좋다. 그곳 뜰에는 보통 사람 네 배 크기의 거대한 인물상이 있다. 그것은 스코틀랜드의 조각가인 에두아르도 파올로치Eduardo Paolozzi가 위대한 뉴턴에 대한 생각을 표현한 것인데, 뉴턴은 측정용 캘리퍼스를 들고 막 소멸한 중세의 혼란을 바쁘게 측정하면서 세상을 내려다보고 있다.

뉴턴의 수학적 법칙은 과학 행위에서 실제적인 혁명을 일으켰다. 사람들은 행성과 같은 그런 멀고도 이해할 수 없는 물체들의 운동하는 방법을 방정식으로 풀어서 수로 나타낼 수 있게 되었다. 더욱이 그런 예측은 옳았다. 뉴턴은 유용한 규칙들의 집합으로 우주를 집대성했다.

아마도 더 중요한 것은 철학적 충격일 것이다. 뉴턴은 사람들이 우주를 보는 방법을 변화시켰다. 우주는 갑자기 규칙을 따르는 물질의 영역이 되었다. 모든 것이 어디에서 어떻게 운동하고 있는지를 수로 나타낸 특정한 상태에 뉴턴의 법칙을 적용하면 나중 어느 때에 모든 것이 어떻게 될 것이라는 것을 정확하게 말할 수 있었다. 미래가 규칙들에 따라서 결정되는 것처럼 보였다.

우주는 신비가 아니라 시계 혹은 기계가 되었다.

다음 세기에 걸쳐서 완전히 계산할 수 있는 우주라는 결정론적 생각은 과학 철학의 초석이 되었다. 뉴턴 자신의 망령이 도전할 수 없는 신탁의 상태로 올라간 것처럼 소위 '결정론' 철학은 도전할 수 없는 지혜의 상태로 올라갔다.

결정론은 19세기 초 산업혁명이 도래하고 로버트 브라운의 특수한 관찰이 그것과 완전히 일치하지 않는 것이 알려지고서야 비틀거리기 시작했다. 그리고 곧 서로 맞물린 기어와 같은 메커니즘이 모두 함께 멈춰버릴 위험에 처하게 되었다.

그러나 그 전에 원자가 등장했다.

물질의 본질에 대하여

혁명적인 17세기의 많은 사상가들에게 행성의 운동만큼이나 흥미로운 문제가 있었다. 그것은 물질은 무엇으로 만들어졌는가 하는 것이었다.

17세기 중반에 이미 과학자들은 겉으로 볼 때 빈 공간으로 보이는 우리 주변 환경까지도 무엇인가로 구성되었다는 것을 알았다. 옥스퍼드의 로버트 보일Robert Boyle 같은 새로운 '실험' 자연철학 옹호자들은 종 모양 항아리와 펌프를 가지고 실험을 하여 '눈에 보이지 않는 공기'가 밀봉된 용기에서 제거될 수 있다는 것을 보여주었다. 그런 무엇인가를 공간에서 뽑아내어 빈 공간인 진공을 만들 수 있었다.

연금술 변환의 신비한 비밀을 실제로 조사했던, 뉴턴을 포함한 많은 선도적 화학자들은 무슨 물질이든지 그것이 몇 가지의 잘 알려진 원소들로 나타나는 경향이 있다는 것을 보여주었다. 그런 것에는 금, 납, 철, 구리 같은 금속이 있으며, 황, 인, 공기, 물 같은 특수한 물질도 있다. 또 혈액과 오줌 같은 더 복잡한 물질도 있다(많은 연금술사들은 오줌에 특별한 애착을 보였다). 초기 화학자들은 마치 어떤 물질로부터 다른 물질을 만들 수 있도록 정해주는 어떤 고정된 한 벌의 기본적인 방법들이 있는 것처럼, 믿을 만한 방법으로 많은 물질이 다른 물질들과 결합한다고 결론을 내렸다.

당시 화학은 마술과 과학의 혼합이었지만 그 후 물질이 어떤 기본적 구성단위로 만들어진다는 개념을 내포하게 되었다. 기본 구성단위는 미리 정해진 고정된 방법으로 결합하도록 일정한 특성을 가지고 있었다. 마치 화이트소스나 스펀지케이크를 만드는 데 무엇이 필요한지를 요리사가 말할 수 있는 것과 같다.

이런 기본적인 구성단위는 무엇이었을까? 계몽된 과학자와 철학자 들은 한 가지 가정을 공유하고 있었다. 보일은 대장장이가 망치로 쇠못을 단련하는 것에 대해서 "망치는 …… 철의 작은 부분들에 격렬한 요동을 주며 ……"라고 했다. 로버트 훅Robert Hooke도 가열과 물질에 대해 "가열이란 물체의 부분들을 매우 활발하고 격렬하게 해주는 데 불과하다."라는 비슷한 말을 했다. 보일과 훅에 앞서서 프랜시스 베이컨Francis Bacon은 '…… 물체 입자들의 투쟁은 느리지 않고, 급하고 격렬하며……'라고 했다. 철학자인 존 로크John Locke는 '물체의 감지할 수 없는 부분들'에 대하여 이야기했다. 스위스의 수학자 다니엘 베르누이Daniel Bernoulli는 1700년대 초에 기체가 많은 작은 입자들로 구성되었다는 생각에 기반을 두고 기체에 대한 수학적 이론을 만들었다. 다시 말해서 물질이 많은 작은 부분들로 구성되었다는 것에 대한 공감이 있었다.

하지만 아무도 이런 작은 조각들을 보지 못했다. 매우 적극적인 몇몇 사상가와 실험가 들은 결코 본 적이 없는, 보이지 않는 입자에 기반을 둔 이론을 받아들이고자 무엇을 했을까?

그것은 수천 년의 전통을 바탕으로 만들어지고 있었다. 최소한 철학적 형태로는, 물질이 작은 입자로 만들어졌다는 생각은 고대 그리스 시대 이후부터 이야기되고 있었다. 그것은 이미 2,000년이나 된 증명되지 않은 가설이었다. 그것은 바로 원자였다.

에피쿠로스의 원자

고대 그리스의 원자 사상에 대해 남아 있는 최초의 문헌은 레우키포스Leucippos와 그의 제자인 데모크리토스Democritos의 업적에 관한 것이다. 우리는 최초의 물질과 우주에 관한 그들의 포괄적 이론을 제3의 철학자인 에피쿠로스Epicurus 덕분에 알게 되었다.

에피쿠로스는 기원전 341년에 그리스의 사모스 섬에서 태어났다. 그는 10대 때부터 철학에 관심이 있었다. 원시 혼돈으로부터 우주가 탄생했다는 이야기를 듣고서 그는 의문을 가졌다. '그런 놀라운 사건이 어떻게 일어났을까?' 그는 선생들에게 질문을 했지만 의문이 풀리지 않았다. 기원전 320년대에 그는 당시 철학 세계의 중심이었던 아테네에서 군인으로 근무했다. 그곳에서 그는 위대한 아리스토텔레스Aristoteles의 강의를 들었을 수도 있다. 10년 정도 더 공부를 한 후에 에피쿠로스는 기원전 306년에 아테네에서 마음이 맞는 사상가들과 함께 자신의 학파를 만들었다.

그의 철학의 요체는, 비방을 일삼는 사람들이 주장했고 지금도 주장하듯이 무의미한 쾌락을 극단적으로 추구하는 것은 아니었다. 실제로는 그런 욕망이 작용하는 곳에서 모든 필요성이 사라지는 평온한 상태를 얻기를 권장했다. 심지어 죽음의 공포도 더는 작용하지 않았다. 그런 상태에서 즉각적인 물리적 욕구를 넘어서서 인생을 이해하기 위해 인생을 생각해보는 시간과 자유가 있었을 것이다. 이것이 실제로 자신이 살아 있다는 것을 느끼는 유일한 방법이었다. 그런 만족스러운 삶 후에 오는 죽음은 더는 위협적이지 않았을 것이다.

에피쿠로스의 평온 상태와 원자 물리학 사이의 연관은 분명해 보이지 않을 수도 있다. 그의 정신 철학은 물질이 무엇으로 만들어졌는가 하는 의문에서 직접적으로 유래했다. 그것은 그의 물리적·물질적 우주 이론이었다. 그보다 앞선 시대의 레우키포스와 데모크리토스의 사상을 발전시켜 그는 우주는 근본적으로 물질과 공간, 두 가지로 만들어졌다고 주장했다.

우리가 만지고 보고 냄새 맡고 경험할 수 있는 모든 것들은 물질로 만들어진다. 에피쿠로스는 물, 공기, 살, 돌, 모래 등 모든 것들이 서로 다르게 나타날 뿐이라고 주장했다. 실제로 물질은 원자라고 하는 똑같은 기본 단위들의 조합 형태로 나타난다. 고대 그리스 어에서 '원자atomos'는 '쪼갤 수 없는 것'을 의미하며, 원자는 바탕이 되는 물질이었다. 이 원자들이 엄청나게 다양한 방법으로 조합하여 우리가 주위에서 볼 수 있는 매우 다양한 물질을 만들 수 있었다.

또 다음에는 공간이 있었다. 원자들이 우리 주위의 모든 물질을 만들기 위해 결합하려면 그것들이 만나서 그런 조합을 형성할 수 있도록 움직일 수 있는 공간이 필요하다.

여기서 중요한 점은 원자들이 움직인다는 것이다. 움직이는 작은 조각들로 물질이 만들어진다는 생각은 훨씬 후에 현대 물질 이론의 기초를 형성했다. 이 생각은 중간세계가 그것을 확인하는 열쇠를 제공해줄 때까지 2,000년 이상 남아 있던 생각이었다.

에피쿠로스의 물질에 대한 물리 사상은, 사소한 욕망과 두려움이 사라져야 하며 평온 상태가 인생의 가장 훌륭한 목표라는 그의 충고에 녹아들어 갔다. 우리가 단지 조합되거나 분해되는 물질의 입자들이라면 두려움, 불행, 덧없는 쾌락의 추구에 대한 공간은 어디에 있을까?

물질과 평온함에 대한 자신의 이론이 에피쿠로스에게 얼마나 도움이 되었는지 우리는 알 수 없다. 그는 생애 대부분을 만성적인 질병으로 고통스럽게 살았으며, 기원전 270년에 아마도 이질로 인한 심한 발작으로 죽은 것으로 보인다. 그의 실제 저서와 가르침은 대부분 없어졌지만 수백 년 후에 등장한 한 로마 시인 덕분에 에피쿠로스는 자신의 흔적을 역사에 남길 수 있었다.

기원전 94년에 태어난 그 시인은 〈사물의 본성에 관하여*De Rerum Natura; On the Nature of Things*〉라는 서사시의 저자인 루크레티우스Lucretius였다. 루크레티우스는 그 시에서 에피쿠로스학파의 기본적 우주관을 완전하게 요약했다. 루크레티우스의 목적은, 에피쿠로스의 생애에서 미지에 대한 두려움이 없었던 것은 자연의 규칙에 대한 지식의 당연한 결과였다는 것을 독자들에게 확신시키는 것이었다.

루크레티우스는 독선적인 비평가들로부터 나쁜 평가를 받았다. 로마 공화정은 정치적 혼란을 겪고 있었으며, 거리에는 폭력단이 판치고 권력은 유혈, 고문과 암살을 일삼는 것이 도시 생활의 일상적인 부분이었다. 만족하고 조용하고 욕망이 사라진 삶에 대한 루크레티우스의 찬가는 로마의 '투쟁이 아니면 멸망'의 원리에 반대했다. 에피쿠로스학파는 로마의 생활양식에 위협으로 보였다. 현재 우리가 가지고 있는 루크레티우스에 대한 유일한 직접적인 전기 정보는 훨씬 뒤에 성 제롬Saint Jerome이 기록한 것이다. 그러나 그것은 루크레티우스에게 행운이 아니었다. 제롬은 에피쿠로스의 이론과 같은 '물질주의자'의 사상을 증오했다. 그것은 공포와 고통으로부터의 탈출에는 신의 능력이 필요하지 않으며 질서를 가진 원자 세계를 믿는 사람은 모두 실제로 도달할 수 있다는 위험스럽고 파괴적인 충고였기 때문이다. 제롬은 루크레티우스를 공정하게 설명하고 싶지 않았다. 그는 루크레티우스가 사랑의 미약으로 인해 미쳤으며 (그 광기의 영향을 받아서) 졸렬한 시를 써서 유능한 시인이 다시 써야 했으며 마침내는 자살하기에 이르렀다고 주장했다.

결정론의 과수원

고대 원자 철학에 관한 이야기는 이쯤 해두자. 비록 기반을 둘 아무런 증거도 없었지만 뉴턴의 시대에는 이미 작고 눈에 보이지 않는 원자로 된 물질에 대한 이 생각이 어느 정도 인정되었다. 출처가 미심쩍지만, 만일 그 어느 날 링컨셔 과수원에서 실제로 행운의 사과가 뉴턴의 머리 위로 떨어졌고 그리고 다음에 원자 사상을 인정했다면 그것은 새 철학의 시작을 의미했을 것이다.

모든 물질이 뉴턴의 규칙을 따른다면 그리고 모든 물질이 원자로 만들어졌다면, 행성에서부터 사람과 원자에 이르기까지 모든 것의 행동은 정확하게 같은 방법으로 규칙을 따라야 할 것이다.

원자가 예측이 가능하고 모두가 원자로 만들어졌으면 모든 것을 예측할 수 있다. 그렇다면 당신은 당신이 언제 말을 하고, 언제 머리를 돌리고, 언제 어떤 것을 생각하도록 결정한다고 생각하는가? 다시 생각해보자. 뉴턴식 철학에 의하면, 즉 당신과 내가 원자로 만들어졌다면 그런 원자들은 뉴턴의 법칙을 따르며 완전히 규칙적으로 행동할 것이다.

당신이 태어날 때 어떤 과학적인 예언자가 갓난아이인 당신을 구성하는 물질의 모든 조각들의 상태를 측정하여 기록했다고 가정해보자. 즉 당신이 태어나는 순간 당신을 구성하는 모든 원자의 위치와 운동을 기록했다고 하자. 그 자료로부터 뉴턴의 법칙을 이용하여 예언가는 당신을 구성하는 모든 조각의 미래를 계산할 수 있다. 예언가는 당신이 일생에서 할 모든 일과 그것을 하는 모든 순간을 예측할 수 있다. 당신이 할 모든 말과 당신이 갈 모든 장소, 당신이 생각할 모든 것을 예측할 수 있다. 예언가는 당신에 대해, 물론 지금 그에 대한 이 책을 읽고 있는 것까지도 포함해서 모든 것을 알 수 있다.

이 모든 것은 놀랍게 들린다. 그리고 이치에 맞지 않게 들린다.

당신이 태어났을 때 당신의 몸은 약 2×10^{26}개의 원자로 되어 있었다(그 이후로 당신이 훨씬 더 많은 원자를 모은 이야기는 그만두겠다). 예언가는 이 모든 원자의 위치와 운동을 동시에 측정해야 하며 그다음에 뉴턴식에 따라서 미래의 운동을 계산해야 한다. 어떤 계산기도, 예언을 할 수 있을 정도로 빠르게 계산하는 것은 차치하고라도 이것 자체를 수행할 수 없을 것이다. 결정론적 뉴턴주의에는 원칙적으로 사실인 과학적 예언자가 필요하지만 실제로 그런 예언 능력은 도저히 불가능하다.

그런 극단적인 결정론에 대한 주장들은 뉴턴 법칙 자체가 옳다고 인정된 후에도 오랫동안 계속되었다. 결정론은 때때로 분명하게 실제적 불합리를 가져오지만, 원리로서의 결정론은 강력한 것이다. 그것은 18세기 말에 프랑스의 수학자인 피에르 시몽 드 라플라스Pierre-Simon de Laplace의 연구에서 최고조에 이르렀다.

라플라스는 1749년 프랑스의 노르망디에서 태어났다. 그는 수학자로서 다른 수학자들의 선두에 섰으며 그의 권위와 정치적 영향력은 프랑스에 수 세기 만의 최대 위기인 대혁명이 일어났을 때 최고조에 달했다.

당시는 사상가와 과학자 들에게 위험한 시기였다. 그러나 라플라스는 강풍에 어떻게 몸을 굽히는지를 잘 알고 있었다. 그는 대혁명이 최고조에 달하기 전에 파리를 떠나, 공포 정치 시대가 끝나고 나폴레옹이 정권을 잡았을 때 돌아왔다. 나폴레옹은 새로운 혁명 달력에 관해 라플라스에게 상담을 요청했다. 라플라스는 달력이 단순히 천문 자료와 일치하지 않는 것뿐이기 때문에 수학적으로는 무의미하다는 것을 잘 알고 있었지만 승낙을 했다.

라플라스는 영리한 정치 조작자였으며 동시에 세계적으로 가장 위대한 수학자였다. 그는 뉴턴 법칙 너머로 미래, 현재, 과거를 모두 계산할 수 있다는 우주의 비밀을 보았다. 라플라스의 비중과 함께 뉴턴식 결정론은 물질의 행동에 대한 모든 과학 사상에 있어서 논의의 여지가 없는 근거가 되었다.

라플라스는 우주의 이론으로서 결정론을 확립하는 데 많은 공헌을 했지만, 얄궂게도 실제적 관점에서 그것이 얼마나 황당한지를 증명했다. 라플라스가 지적한 대로 거의 모든 실제 상황에서는 너무 많은 독립적인 영향력들이 있기 때문에 결정론적 법칙에 기반을 둔 유용한 계산은 불가능했다. 계산이 엄청났으며 실제로 다룰 수 없었다.

라플라스는 현실 세계 문제에 필수불가결하게 포함되는 막대한 자료를 다루는 실제적인 방법이 필요하다고 주장했다. 그러려면 자료를 대강 다루는 방법이 필요했다. 즉 통계학이 필요했다.

라플라스는 통계학의 선구자였다. 그러나 불행하게도 그는 통계학의 옹호자보다는 극단적 결정론의 옹호자로 더 잘 기억되었다. 이런 인식이 불행한 이유는 19세기가 지나면서 라플라스가 실제로 사랑했던 통계학이, 과학자들이 행성에서 원자로 커다란 도약을 하면서 만든 실수를 이해하는 데 필요한 것임이 밝혀졌기 때문이다.

규칙은 모든 것을 지배한다

행성의 운동을 단순한 수학적 규칙으로 환원시키는 뉴턴식과 결합하면 물질이 원자로 만들어졌다는 사상은 매우 편리했다. 그것은 뉴턴 규칙이 행성의 거대 세계부터 원자의 미시세계까지 모조리 지배할 수 있다는 것을 의미했다. 모든 크기의 모든 물질이 똑같은 단순한 규칙을 따랐다.

뉴턴주의자들은 행성과 대포알로부터 원자로 크기를 직접 줄이는 데에서 실수를 저질렀다. 그들은 행성으로부터 원자로 곧바로 진행하면서 뉴턴의 법칙이 그 사이의 모든 것을 설명할 수 있다고 가정했다. 과학자들은 중간세계를 알고 나서야 물질에는 처음에 뉴턴의 법칙으로 분명하게 보였던 것보다 훨씬 더 많은 능력이 있다는 것을 서서히 이해하기 시작했다.

그러나 19세기가 시작됨에 따라서 곧 포스트뉴턴, 포스트라플라스와 같은 것으로 모든 것이 어느 정도 해결된 것처럼 보였다. 결정론의 칼날로 모든 현상을 예측하고 설명할 수 있었다. 뉴턴의 단순한 규칙들이 모든 물질 조각이 지금까지 누려온 모든 가능한 활동을 밝혀낼 수 있었다.

그것이 로버트 브라운과 그의 관찰에 대하여 읽은 다른 과학자들이 브라운의 작은 입자들의 멈추지 않는 마구잡이 춤에 놀란 이유 중 하나였다. 이것은 물질과 어떤 관련이 있었고, 당시 지식에 의한다면 그런 것은 뉴턴의 간단한 법칙으로 설명되어서 마구잡이 성질이 제거되어야 했다.

그리고 또 다른 더 심각한 의문이 있었다. 마구잡이 춤은 어떻게 그렇게 계속될 수 있을까? 뉴턴 세계에서는 힘이 작용하면 가속이 된다. 즉 속도나 방향에 변화가 생긴다. 다른 추진력이 없다면 꽃가루 입자는 물과 일정한 마찰 때문에 점차로 약해져서 느려지다가 멈추어야 한다.

뉴턴이 틀렸을까? 로버트 브라운이 아무리 신중하게 관찰을 기록했다 하더라도 그것은 물방울 하나에서 몇 개의 티끌이 움직이는 것에서 이끌어낸 모순된 결론이었다. 뉴턴주의는 중세의 혼란에 대한 이성의 대승리를 대표했다. 물질이 행동하는 방법에는 법칙이 있다는 것이었다. 뉴턴이 틀릴 수 없다는 명확한 증거가 많았다. 법칙들은 아주 잘 맞았으며, 행성이 태양을 회전하는 것에서부터 전장에서 대포알이 떨어지는 것까지 모든 것을 계산할 수 있었다.

따라서 19세기 전반에 몇몇 과학자들은 브라운의 관찰에 놀라긴 했지만 뉴턴주의의 토대가 심하게 흔들릴까 걱정할 정도로 매우 놀라지는 않았다. 브라운 운동 자체는 뉴턴주의 과학의 기반에 도전할 정도가 되지 못했다.

대신에 다른 것이 등장해 뉴턴에 도전했다. 현대의 극작가인 톰 스토파드Tom Stoppard의 〈이상향Arcadia〉이라는 작품에서 보기를 빌리자면, 그것은 우유와 쌀로 만든 달콤한 라이스 푸딩의 문제였다.

04

산업혁명에서 라이스 푸딩까지

산업시대에서 가장 야심 찬 질문은 불, 강, 바람 등에서 얻는 에너지를 어떻게 유용한 동력으로 가장 잘 전환하느냐는 것이었다. 규칙은 무엇일까? 이 질문으로부터 열역학이라는 전혀 새로운 과학이 태어났다. 거칠고 현실적인 공학자의 손에서 실제적인 목적을 가지고 생겨난 열역학은 19세기 물리과학의 승리자가 되었다.

그러나 에너지 규칙을 계산하는 과정에서 과학자들은 우연하게 이런 규칙들이 이미 잘 알고 있다고 생각하던 물질의 규칙과 근본적으로 일치하지 않는다는 것을 알게 되었다. 열역학은 위대한 뉴턴의 업적을 방해했다.

영국의 기관과 프랑스의 기초

19세기 초반에 이미 여러 형태의 산업용 기관은 어디에나 존재하는 것이 되었다. 아마도 영국에 가장 많았을 것이다. 콘월에서 일하던 광물공학자인 토머스 뉴커먼Thomas Newcomen은 1712년에 이미 주석 광산에서 수증기 추진으로 물을 제거하는 펌프 기관을 최초로 만드는 데 성공했다. 물레방아가 전국적으로 확산되었으며 여기에서 얻은 동력으로 직물산업이 크게 확대되었다. 제임스 와트James Watt로 대표되는 18세기의 유능한 기술자들을 통해서 증기기관은 한 단계씩 개선되어, 공장 경영주들이 선호하는 기관이 되었다.

이런 모든 기술자들의 천재성에도 불구하고 여전히 기관의 원리, 즉 어떤 규칙이 에너지를 유용한 일로 전환시키는지에 관한 근본적인 과학 지식은 전혀 없었다. 실용적인 것에 관심이 있던 영국 기술자들에게 이런 에너지 과학의 틈새에서 사는 것은 매우 즐거운 일이었을 것이다. 반면에 해협의 다른 쪽에 있는 한 프랑스 인은 그렇지 않았다.

사디 카르노Sadi Carnot는 군인이자 기술자이며 신출내기 지식인이었다. 그는 프랑스 대혁명 다음 해인 1796년에 태어났으며 어려서는 프랑스의 공포 정치 시대가 나폴레옹 황제의 등장에 길을 내주던 혼란기의 중심에 살았다. 부친인 라자르 카르노Lazare Carnot는 1799년부터 1807년까지 나폴레옹의 전쟁 장관으로 근무했다. 사디는 파리의 에콜 폴리테크에 다니면서 시메옹 푸아송Siméon Poisson과 앙드레 앙페르André Ampère 같은 프랑스의 몇몇 선구적 과학자들로부터 지도를 받았다. 가문의 전통에 따라 사디는 북부 프랑스의 메츠에 있는 군사기술학

교에 입학했다.

사디는 군에서 강제로 떠맡게 된 시시한 일에 실망하여 1815년에 파리로 돌아와서 프랑스의 산업과 경제 문제에 관심을 두기 시작했다. 그는 대학에도 진학하고 공장과 일터 들을 다니며 경제와 정치 이론에 대한 광범위한 견해를 말하면서 자기 주위의 세상에 날카로운 호기심을 나타냈다. 그러던 중 1821년에 마그데부르크에 있는 부친을 방문하면서 갑자기 새롭고 분명한 목표에 대한 호기심이 생겨났다.

기관의 과학

새로운 증기기관이 얼마 전에 마그데부르크에 건설된 것을 두고 카르노 일가(아버지 라자르, 사디, 동생 이폴리트)는 증기기관을 더 잘 작동시키는 방법에 대해 오랜 시간 토론을 나누었다. 그들은 공학의 피가 흐르는 가족이었다. 사디는 특히 프랑스 정세의 퇴보 상태에 절망했다. 그런 정세는 나폴레옹 전쟁 동안 유럽의 다른 지역, 특히 적국인 영국에서 이룩된 많은 진보를 배척했다. 사디가 보기에는 기술의 지배가 아닌 기관 과학의 지배가 프랑스를 강력한 국가로 성공적으로 재건시켜줄 결정적인 요인이었다.

그 당시 영국은 미래 산업으로 진격을 선도하고 있었다. 사디 카르노는 대부분의 영국 기술 진보가 정식으로 공부한 과학자들보다는 재능을 가진 기술자들에 의해서 이루어지고 있다는 것을 깨달았다. 그들은 문제의 기초를 이루는 원리를 고민하기보다는 흔히 시행착오와 육체노동을 통해서 영리한 실제적 해결책에 도달했다. 영국의 선두는 건전한 과학적 원리보다는 땜장이 기술과 발명의 재간으로부터 온 산업혁명에서 시작되었다.

카르노는 증기기관의 이론 연구라는 임무를 가지고 1821년에 마그데부르크에서 돌아왔다. 그 임무라는 것은 1킬로그램의 석탄으로부터 얼마나 많은 일량을 얻을 수 있는지에 관한 기본적인 원리를 찾는 것이었다. 아마도 카르노는 비과학적인 영국의 옛 경쟁자들을 앞지를 수 있었을 것이다.

제임스 와트와 같은 영국 기술자들은 시행착오 방법을 통해 같은 질문에 대한 답을 얻으려고 시도하면서 증기기관을 설계했다. 즉 '용기 온도를 변화시키면 어떻게 될까?' '압력을 변화시키거나 증기 대신에 다른 물질을 이용하면 어떻게 될까?' 등의 의문을 제기하고 이에 대한 답을 찾고자 했다. 수많은 진전이 이루어졌지만 카르노가 깨달았던 것처럼 영국 기술자들은 어둠 속에서 보물의 주위를 돌아다니는 기회주의적 도둑과 같았다. 때때로 그들은 매우 귀중한 것을 건져 올려 매우 기뻐하기도 했다. 그러나 영리한 프랑스 인 누군가가 전등 스위치를 찾을 때까지 가난하고 무지한 영국인들은 자신들이 얼마나 막대한 부를 놓쳤는지 결코 알지 못했을 것이다.

그 당시 산업체에서 이용되던 여러 가지 기관의 예를 조사하면서 카르노는 필요한 에너지를 이용하려면 몇 가지 종류의 차이가 필요하다는 것을 통찰했다. 예를 들면 물방앗간은 물레방아를 돌리면서 떨어지는 물의 높이차를 이용했다. 즉 지구의 중력으로부터 일을 얻어냈다. 증기기관에서 그 차이는, 증기를 만드는 불타는 연료와 증기가 물로 되돌아가는 차가운 응축 용기 사이의 온도 차였다. 이것은 진공을 만들며 여기로 들어오는 대기압이 기관의 피스톤을 움직였다.

카르노가 깨달은 대로 모든 기관은 두 수준 사이에서 작동했다. 그것들은 모두 두 에너지 '저장원'을 이용했다. 이런 저장원 사이의 차이 때문에 그 사이에 에너지가 흐를 수 있었고 그 에너지 일부가 유용한 일로 전환되었다.

카르노는 또 다른 예리한 질문을 했다. 그는 고온 저장원에서 저온 저장원으로 열이 흐르면서 열이 일로 바뀔 때 최대 효율로 일을 하는 완전 기관을 상상했다. 무엇이 완전 기관을 결정할까? 최대 효율(넣어준 에너지 단위당 일의 최대 출력)은 무엇에 따라 변할까?

카르노는 그 이론적 최댓값이 단지 두 저장원의 온도에 의해서 결정된다는 것을 알았다. 나아가 기관에 사용된 물질(수증기 또는 다른 기체) 같은 세세한 것들에 따라 변할 수 없다는 것을 증명했다.

카르노의 추론은 열이 결코 저온에서 고온으로 흐르지 않는다는 실제적 관찰 사실에 기반을 두고 있었다. 만일 그런 '저온에서 고온으로'의 자발적인 열 흐름이 가능하다면 외부의 동력 없이도 열이 자연적으로 흘러나와서 내용물이 냉각되기 때문에 우리는 냉장고 코드를 전원에 꽂을 필요가 없을 것이다. 물론 이런 일은 일어나지 않는다. 열은 한 방향으로만 흐른다.

카르노는 최대 기관 효율이 기관의 세세한 점에 따라서 달라진다면, 즉 기술자들의 이런저런 조정으로 근본적인 한계가 없이 향상될 수 있다면, 더 효율적인 기관을 사용하여 덜 효율적인 기관을 반대로 작동할 수 있으며 이 과정에서 실제로 동력의 유입이 없이 차가운 곳에서 따뜻한 곳으로 열의 알짜 흐름이 일어날 것임을 증명했다. 이것이 자연의 원리에 위배된다는 것은 누구나 알 수 있는 평범한 사실이다.

카르노는 기관이 기술에 의해서만 제한되는 것이 아니라는 것을 깨달았다. 에너지와 열의 근본적 본질에 의한 최종적인 한계가 존재했다. 갑자기 이것은 기관의 이론만이 아니라 자연의 이론이 되었다. 카르노는 열과 에너지에 대한 수 세기 동안의 생각을 존경할 만한 과학 이론으로 바꾸는 첫 단계를 밟았다.

기관의 기본 원칙과 그 원칙이 열의 과학과 관련되는 방법에 대한 예리한 통찰력으로 카르노는 명성과 행운을 얻었다. 기관의 효율성에 따라 성공 여부가 직접적으로 결정되는 산업자본가들은 막대한 이익을 얻었다. 그렇다면 카르노는 조금이라도 보상금을 받았을까? 일이 그런 방향으로는 잘 이루어지지 않았다. 1820년대에 카르노는 여전히 시대를 앞서고 있었다. 그의 연구는 무시되었다.

1824년에 카르노는 열, 에너지 기관에 관한 자신의 생각을 종합하여 《불의 원동력에 관하여On the Motive Power of Fire》라는 책을 출간했다. 그러나 이 책은 거의 팔리지 않았고 전혀 인정을 받지 못했다. 불행하게도 카르노는 자신의 이론을 옹호할 시간이 많지 않았다. 그는 1830년에 콜레라에 걸렸다. 그전의 병 때문에 약해져 있던 그는 곧 병으로 쓰러졌고 며칠이 안 돼 죽고 말았다.

일방통행의 열과 죽어가는 우주

몇 년 후 온도계에 대한 몇 가지 실험을 수행하고자 파리 실험실을 방문한 또 한 명의 젊은 과학자가 우연하게 중고서점에서 카르노의 헌책을 보게 되었다. 그 과학자는 윌리엄 톰슨William Thomson으로, 후에 켈빈 경으로 더 잘 알려진 인물이다.

톰슨은 1824년에 북아일랜드의 벨파스트에서 태어났으며, 같은 해에 사디 카르노는《불의 원동력에 관하여》라는 책을 출간했다. 톰슨은 7살에 이미 스코틀랜드로 이주하여 글래스고 대학에서 아버지인 제임스의 수학 강의를 듣고 있었다. 그는 10살 때 그 대학의 학부생으로 등록했으며 15살 때는 첫 논문을 발표했다. 17살에는 이미 케임브리지 대학에서 수학을 공부했으며 학교의 오랜 전통인 보트 경기에도 참가할 수 있었다. 케임브리지 대학을 졸업한 후에는 아버지의 충고에 따라 실험물리학자로서의 일을 배우고자 곧바로 파리로 갔다. 톰슨의 아버지에게는 계획이 있었다. 그는 아들이 돌아올 때면 글래스고 대학의 자연철학, 즉 물리학 교수가 나이가 들어 있을 것을 알고 있었다. 그 교수는 1846년에 죽었고 아버지 제임스 톰슨은 22살의 아들을 그 자리에 의기양양하게 앉힐 수 있었다.

물론 윌리엄 톰슨은 그 자리를 받을 만했다. 그는 34살 때 대양저 케이블로 대서양을 가로지르는 통신에 최초로 성공한 것에 이바지한 공로로 작위를 받았다. 그는 먼 대서양을 건너온 매우 약한 신호를 잡아내는 초고감도 장치를 고안했다. 일생 동안 톰슨은 여러 가지 발명과 기술 자문, 특허로 부를 얻었다. 그에게서는 상아탑의 교수라는 이미지를 찾아볼 수가 없었다. 어떤 과학적 문제도 그의 기를 꺾지 못했다. 그는 "과학이란 모든 문제에 두려움 없이 대면하는 것"이라고 선언했다. 그는 전기와 자기에서부터 탄성, 무선통신, 전기공학, 항해에 이르기까지 광범한 분야에서 상당한 공헌을 했다.

톰슨은 열 연구에도 이바지했다. 15살에 쓴 첫 논문은 열 흐름의 수학적 분석이었다. 몇 년 후 카르노의 잊힌 책을 읽고서 톰슨은 뜨거운 곳에서 차가운 곳으로 한 방향으로 흐르는 열 흐름의 기본적 결론을 추적하여 카르노의 기관에 대한 추론을 넘어섰다.

톰슨은 카르노의 주장이 모든 기관의 효율에 한계가 있다는 것뿐 아니라 완전히 효율적인 과정은 실제로 결코 도달할 수 없다는 것을 의미한다고 깨달았다. 카르노의 완전 기관의 효율은 두 에너지 공급원의 온도 차에 따라 변했다. 저온 에너지원이 절대 영도•에 있을 때에만 완전 효율에 도달할 수 있었다. 그러나 절대 영도 자체는 근본적으로 도달할 수 없었다.

톰슨의 위대한 통찰력은 이 완전 효율의 불가능성이 사람이 만든 기관뿐 아니라 열에너지를 유용한 일로 전환하는 모든 과정에 적용된다는 것을 깨달은 데 있었다. 그것은 화학 반응, 동물에 의한 에너지 전환, 별의 내부 작용에서 모든 것에 이르기까지 적용되었다.

다시 말해서 실제적이고 자연적인 과정들은 근본적으로 완전 효율보다 낮아질 것이었다. 추출된 열의 일부는 항상 유용한 에너지로 전환되지 못하고 대신에 유용하지 못하고 회복될 수 없는 형태로 손실될 것이다.

톰슨은 이것에서 중대한 결론이 나온다는 것을 알았다. 그것은 모든 공학은 물론 아마도 전체 우주에 더 중요할 수도 있는 것이었다.

우주에서 일어나는 모든 것은 에너지를 유용한 일로 전환하는 것

• 역주: 이론적으로 생각할 수 있는 가장 낮은 온도로서, −273.15 ℃에 해당한다. 이 온도에서는 순수한 결정 상태 물질의 엔트로피가 영이 된다.

이 필요하다. 그러나 그 과정에서 일부 열은 항상 손실된다. 자연 과정이든지 공학적 동력 생산 과정이든지 발생하는 모든 것은 열을 낭비하고 우주에서 이용할 수 있는 유용한 에너지 양을 항상 감소시킨다. 우리가 하는 모든 일과 일어나는 모든 일에는 유용한 에너지 일부가 낭비되는 과정이 필요하다. 그것은 항상 내리막 방향이다. 우주는 죽어간다.

톰슨은 이것을 '우주의 열적 죽음'이라고 불렀다. 결국 우주의 생애 어떤 시점에서 모든 유용한 에너지는 손실된 열로서 낭비될 것이다. 그 시점에서는 일을 할 수 있는 에너지로 전환하는 것이 더는 불가능할 것이다. 그것으로 끝이다.

윌리엄 톰슨은 전 우주를 죽일 수도 있는 가장 암담한 결론을 예상할 수 있었음에도 불구하고, 다른 이들에 따르면 꽤 행복한 삶을 살았던 사람이었다. 그는 모든 문제를 간결하고 열성적으로 쾌활하게 접근했다. 그는 많은 여행을 하고 많은 사람을 알았으며 모든 것을 즐겼다. 그는 실패에 용기를 잃지 않았다. 예를 들어 1850년에 첫 부인인 마가렛이 죽자 그는 스스로 용기를 북돋우고자 커다란 요트를 샀다. 그 배로 아프리카 북부의 마데이라 제도까지 항해를 했고 그곳에서 두 번째 부인인 프랜시스를 만났다.

그는 빅토리아 시대의 가장 영향력 있는 과학자 중 한 사람이었지만 자신의 유명세에 대해 환상을 전혀 갖지 않았다. 예를 들면 1871년에 그는 에든버러에서 열린 영국학술협회British Association에 입장을 거부당한 일이 있었다. 그는 입장권을 잃어버렸고 문지기는 그가 누구라는 것을 믿으려 하지 않았다. 이것은 행사 진행상 큰 실수였는데,

사실 그가 그 협회의 회장이었으며 회장 인사말을 하기로 되어 있었기 때문이었다. 그러나 톰슨은 단지 그 사건을 웃어넘겼다.

그리고 그는 업적에도 불구하고 학문적인 겸손함으로 유명했다. 글래스고 대학의 교수로서 취임 50주년을 맞는 기념식에서(그는 그곳에서 53년 동안 교수직을 지냈다.) 톰슨은 자신이 전기와 자기에 대해 50년 전에 알았던 것보다 더 많이 알고 있지 못하다고 말했다. 1896년에 그는 빅토리아 여왕으로부터 글래스고 강의 이름을 따서 켈빈 Baron Kelvin 경으로 작위를 받았다. 1899년에 은퇴를 하면서 그는 대학 명부에 스스로 '연구 학생'이라고 서명을 했다.

일방향 세계의 측정

열의 일방향 흐름의 중요성에 대한 윌리엄 톰슨의 인식은 사디 카르노의 기관 이론을 완전한 에너지 이론으로 전환하려는 시도의 중간 단계였다. 여전히 에너지의 이해에는 열의 비가역적 흐름을 측정하려는 문제에 수를 대입하는 방법 같은 무엇인가가 부족했다.

카르노가 기관 이론을 정립하고 톰슨이 태어나기 바로 몇 해 전인 1822년 1월 2일에, 프러시아 코슬린•의 클라우지우스 가문에서는 여섯 번째 아들이 태어났다. 지역 교회 목사였던 가장은 아이에게 루돌프 율리우스 에마누엘이라는 이름을 지어주었다. 루돌프 클라우지우스 Rudolf Clausius는 열과 에너지 문제에 수학을 적용한 선구자로 성장했다. 또한 훈장을 받은 전쟁 영웅이 되었으며 유명한 과학 논쟁자가 되었다.

• 현재 폴란드의 코샬린(Koszalin).

클라우지우스의 과학적 업적은 톰슨의 업적과 거의 맞먹었다. 카르노가 죽은 후 약 25년 만에 마침내 열 문제가 유명한 두 학자들에 의해 발견되었다. 두 사람은 마치 같은 과학적 기반을 자신의 것이라고 붙잡으려 하면서 서로의 발자국을 따라간 것 같았다. 그러나 그들은 성격이 매우 달랐다. 클라우지우스는 누가 무엇을 최초로 말했는가에 대한 맹렬한 학술적 논쟁으로 자신의 명성에 흠집을 냈다. 그러나 온화한 톰슨이 그런 것을 걱정했다는 것은 상상하기 어렵다.

톰슨과 클라우지우스의 과학적 평행성은 열에만 한정되지 않았다. 1847년에 완성된 클라우지우스의 박사학위 논문은 하늘 색에 대한 것이었는데 톰슨도 이것을 연구했었다. 그들이 연구하려고 했던 것들은 무엇이나 서로 경쟁할 운명인 것 같았다. 햇빛의 산란을 이용한 톰슨의 설명이 굴절과 반사를 이용한 클라우지우스의 주장보다 더 잘 작용한다고 밝혀져서 하늘 색 시합에서는 톰슨이 이겼다. 그러나 열 시합에서는 클라우지우스가 이겼다고 주장할 수 있을 것이다.

1850년에 클라우지우스는 〈물리학 연보Annalen der Physik〉에 사디 카르노의 생각을 마침내 수학적으로 형식화한 논문을 발표했으며 처음으로 에너지와 열을 명확하게 구분했다. 클라우지우스는, 에너지는 여러 형태로 나타나며 한 형태에서 다른 형태로 바뀔 수 있지만 총량은 절대로 줄어들지 않는다는 것을 알았다. 그러나 에너지의 특별한 형태인 열은 차가운 것에서 뜨거운 것으로 자발적으로 흐르지 않는 일방성에 의해서 모든 다른 에너지 형태와 구별이 되었다.

1850년의 논문으로 클라우지우스는 열, 에너지와 온도의 기본을 설명하는 단 두 가지의 법칙으로 열역학의 기반을 마련했다. 마침내

제1 법칙은 본질적으로 에너지를 정의했고, 제2 법칙은 열이 뜨거운 것에서 차가운 것으로만 흐른다는 일방성을 수학적으로 표현했다. 톰슨은 클라우지우스가 그 경쟁에서 이겼다는 것을 기꺼이 인정했다.

이렇게 루돌프 클라우지우스는 열역학 제1 법칙과 제2 법칙을 확립했다. 과학자가 결과나 생각을 발표하면, 특히 위대하게 들리는 '법칙' 형태로 발표하면, 사람들은 그 과학자가 자신이 말한 내용을 거의 이해하고 있을 것이라고 생각할 수 있다. 그러나 보통은 그렇지 않다. 누구나 모든 것을 완전히 이해할 때까지 기다린다면 거의 아무것도 발표될 수 없을 것이다. 클라우지우스는 다음 20년 동안 자신이 제안한 것에 대해 이해하려고 노력하면서 열역학 제2 법칙을 강화하는 데 시간을 쏟았다.

그 20년은 근대 과학 역사에서, 가장 중대했지만 웬일인지 매우 미스터리했던 과학적 사고 중 하나가 확장된 기간이었다. 수많은 추가적 논문과 여러 가지 여담과 우회 끝에 클라우지우스가 마침내 자신이 15년 동안 싸워온 괴물에 이름을 부여한 1865년이 절정기였다. 그 수학적 괴물은 열의 일방적 세계를 상징하는 것이었다. 그는 이것을 '엔트로피entropy'라고 불렀다.

클라우지우스의 위대한 공헌은 에너지의 개념이 기체의 팽창과 수축 같은 열과 일을 포함하는 과정을 올바르게 설명하는 데 충분하지 못하다는 것을 깨달은 것이었다.• 열의 일방적 흐름에 대한 자연적 원리를 따르려면, 또 다른 양인 클라우지우스의 엔트로피가 그런

• 기체는 열역학자들이 선호하는 물질이었다. 이유는 부분적으로 증기기관의 증기와 분명한 관계가 있기 때문이기도 했겠지만, 기체가 액체나 고체보다 훨씬 더 간단하게 가장 간단한 물질의 행동을 보여주기 때문이었다.

과정을 나타내는 모든 식에 들어가야 했다.

두 가지 양을 나타내려면 두 가지 법칙이 필요하다. 수학적으로 제1 법칙은 에너지를 다룬다. 그것은 에너지가 창조되거나 파괴될 수 없고 전환될 수만 있다는 내용이다. 제2 법칙은 엔트로피를 다룬다. 그것은 열의 일방적 흐름 때문에 엔트로피는 감소할 수 없어서 모든 자발적 과정이나 변화에서 엔트로피는 증가하거나 그대로 멈출 수만 있다는 것이다.•

사디 카르노는 자신의 기관 이론에서 열의 일방성을 설명하려고 시도했다. 윌리엄 톰슨은 기관뿐 아니라 모든 과정이 열의 일방적 흐름에 의해서 근본적으로 영향을 받는다는 것을 깨달았다. 루돌프 클라우지우스는 15년간의 연구를 통해서 실제로 유용한 이론의 수학적 구조를 만들었다. 그것은 새로운 양인 엔트로피 형태로 열의 일방적 흐름을 모든 물질이 행동하는 방법의 중심에 두는 것이었다. 클라우지우스의 열역학 법칙들은 에너지와 열의 기본 규칙이었다. 뉴턴의 법칙은 물질의 기본 법칙이었다. 클라우지우스 이후 그것은 단지 두 벌의 규칙을 함께 모아놓은 것으로 남게 되었다. 에너지의 이론과 물질의 이론은 모든 것의 이론과 같다. 이것이 이야기의 끝이다.

그러나 클라우지우스가 바쁘게 자신의 연구를 마무리하는 동안에도 다른 과학자들은 에너지와 엔트로피에 대한 새로운 생각이 뉴턴의 역학과 잘 들어맞지 않아서 불편했다. 무엇인가, 어디에선가 잘 들어맞지 않는 것이 있었다.

• 클라우지우스는 변화 개념의 중요성을 나타내기 위해서 '엔트로피(entropy)'라는 말을 만들었다. 'trope'는 그리스 어의 '변화'에서 온 것이며 'en'은 '에너지'에서 왔다. 두 법칙과 마찬가지로 두 가지 양은 열역학을 지배하는 두 가지 기본적인 양으로, 일종의 황금 쌍을 이룬다.

여기서, 오목한 그릇에 담긴 라이스 푸딩(우유와 쌀로 만든 달콤한 푸딩)을 생각해보자.

젓기

당신이 부엌에서 직접 해볼 수 있는 실험이 있다.•

크림을 넣은 라이스 푸딩 한 캔을 준비한다(요리를 잘하는 사람은 푸딩을 직접 만들어도 된다). 푸딩은 뜨거워도 되고 차가워도 된다(나는 뜨거운 것을 추천하는데, 실험 후에 결과물을 먹기가 좀 더 좋기 때문이다). 그것을 적당히 오목한 그릇에 담는다. 그다음에 어떤 것이든 좋으니 잼 한 숟가락을 준비한다. 그 잼을 조심스럽게 푸딩 위에 올려놓는다.

아직 젓지 마라!

눈앞에 놓인 것을 잘 살펴보라. 라이스 푸딩과 한 덩이의 잼이 있다. 둘은 서로 접촉하고 있지만 따로따로다. 섞이지 않았다. 푸딩은 푸딩대로 잼은 잼대로 있다.

이제 저어라. 찻숟가락으로 잼이 있는 부근의 푸딩을 둥그렇게 젓는다. 잼이 섞이기 시작할 것이다. 붉은 잼 한 줄이 혼합물 안으로 섞여 들어갈 것이고 이어서 점점 더 많은 잼이 푸딩 안으로 들어갈 것이다. 젓고 싶은 만큼 계속 젓는다. 이제, 찻숟가락을 꽂은 채로 멈춘다. 숟가락 주변으로 붉은 줄들이 있거나 라이스 푸딩이 아예 분홍색으로 변해 있을 것이다.

다시 잘 살펴보라. 어떻게 되었는가? 여전히 라이스 푸딩이다. 한

• 극작가 톰 스토파드와 그의 1993년 연극 〈이상향〉에 감사한다. 거기에서 라이스 푸딩 문제는 젊은 토마시나(Thomasina)와 그녀의 늙고 호색적인 가정교사 호지(Septimus Hodge)에 의해 유쾌하게 다루어진다.

숟가락의 잼과 완전히 섞여 있다. 푸딩도 잼도 여기에 함께 있다.

이제 좀 영리한 짓을 해보자. 푸딩에서 잼을 다시 모으자.

어떻게? 숟가락의 회전 방향을 반대로 해보자. 될 수 있는 한 저었던 경로대로 정반대 방향으로 저어보자. 즉 거꾸로 젓는 것이다.

잼이 기적적으로 푸딩에서 다시 분리되어 나오는지 살펴보라. 숟가락을 정확히 정반대 방향으로 저으면 잼이 다시 라이스 푸딩 위로 올라오는지 알아보라. 처음 시작했던 곳에서 정확하게 숟가락을 멈추어보라. 어떻게 되는가? 거꾸로 저은 잼과 라이스 푸딩이 있다. 라이스 푸딩과 잼은 분리되어 따로 있는가? 푸딩은 여기에, 잼은 저기에 있는가?

아니다.

물론 푸딩은 여기에 잼은 저기에 있지 않을 것이다. 당신은 여전히 분홍색인 라이스 푸딩을 보고 있을 것이다. 거꾸로 돌아가지 않았다. 저으면 저을수록 더 분홍색이 될 것이다. 거꾸로 젓는다는 것은 작용하지 않는다(만약 거꾸로 저어 푸딩에서 잼을 분리할 수 있다면, 당신은 우주를 영원히 변화시킬 수 있다. 당신은 지난 150년의 과학을 뒤집을 것이고 더욱이 150억 년의 현실을 뒤집을 수 있다. 부엌에서 한 간단한 실험 치고 훌륭한 것이다. 즉시 논문으로 발표하라라).

자 이제 기술적인 면을 살펴보자.• 거꾸로 젓는 것은 작용하지 않는다. 숟가락이 라이스 푸딩 사이를 휘젓는 운동에 의해서 만들어진

• 거꾸로 저어서 무엇을 얻으려고 했는지 알았다면 더 조심스럽게 했을 것이라고 주장할 수도 있다. 좋다. 그렇게 해보자. 실험을 다시 해보자. 새로 푸딩과 잼을 준비하자. 최대한 조심스럽게 실험을 반복해보자. 이 역시 마찬가지로 푸딩만 낭비하는 꼴이 될 것이다. 일단 섞이면 그것으로 끝이다. 되돌아오는 일은 없다.

'젓는 사건'의 순서는 단지 숟가락을 거꾸로 저어서는 '역전'시키는 것이 불가능하다는 것을 증명한다. 잼을 라이스 푸딩 안으로 저어 넣는 것은 비가역적 과정이다.

하지만 비가역적 과정이어서는 안 된다. 라이스 푸딩도 뉴턴의 물질 덩어리와 다르지 않을 것이다. 푸딩은 입자(즉, 쌀)로 만들어졌다. 뉴턴의 물질 법칙에 따르면 라이스 푸딩에 일어난 모든 일은 뉴턴 입자(쌀 알갱이)들 사이의 충돌 순서로 분해될 수 있어야 한다. 푸딩을 젓는 것은 단지 입자들의 일련의 운동을 시작시킨 것이다. 쌀 입자들은 숟가락에 의해서 밀리고 서로 부딪히고 튕기며 뉴턴 법칙에 따른 힘으로 운동한다.

그런 입자들 사이의 충돌 순서는 완전히 가역적이다. 일단 저은 후 단지 숟가락의 처음 운동 방향과 반대 방향으로, 즉 알갱이들 사이에서 일어난 충돌 순서와 정확하게 거꾸로 저으면 된다. 그 결과는 정확하게 뉴턴식 발자국을 되짚는 것이 되고 우리는 출발한 곳에 도달한다. 잼이 분리된다. 푸딩은 푸딩대로, 잼은 잼대로 있게 된다.

그럴 것 같지는 않지만, 라이스 푸딩이 어떤 특별한 새로운 형태의 물질이 아니라면 행성과 대포알에 작용하는 법칙은 틀림없이 푸딩의 쌀 알갱이에도 작용해야 한다. 뉴턴의 물질 법칙은 라이스 푸딩 문제의 분명한 비가역성을 설명하는 데 무언가 부족한 것으로 보인다.

라이스 푸딩 한 캔과 잼 한 숟가락을 가지고 해본 작은 부엌 실험으로, 우리는 위대한 뉴턴이 잘못되어가고 있음을 분명하게 증명했다. 톰 스토파드의 〈이상향〉에서 토마시나가 말한 대로 "당신은 물건들을 분리해낼 수 없다."

라이스 푸딩과 잼 실험은 정말 멋진 증명이다(특히 나중에 먹을 수 있다는 점에서 더욱 멋지다). 그런 비가역성은 라이스 푸딩에만 국한되지 않고 어디에나 있다. 모든 자연 과정들에는 일방성 신호가 붙어 있다. 라이스 푸딩과 잼을 거꾸로 젓는 것이 불가능하다는 것은 일방성 자연 원리의 한 가지 예에 불과한 것으로 밝혀졌다. 열이 아래로는 흐르지만 위로 흐르지 않는 것처럼, 일단 저을 수는 있지만 거꾸로 저어 상태를 되돌릴 수는 없다.

규칙은 같다. 바로 열역학 제2 법칙이다. 엔트로피가 증가하는 과정만 허용된다. 클라우지우스는 찬 것에서 더운 것으로 열이 흐르는 것은 엔트로피의 감소를 의미하므로 그것은 허용되지 않는다고 증명했다. 같은 방법으로 라이스 푸딩에서 잼을 거꾸로 젓는 것은 엔트로피가 감소하는 것으로 밝혀졌다. 그러므로 거꾸로 저어 원상태로 되돌리기는 불가능하다.

그릇에 있는 라이스 푸딩에 엔트로피와 열역학을 정확하게 적용하고 잼을 거꾸로 저으면 엔트로피가 감소한다고 증명하는 방법은 명확하지 않다. 1860년대 과학자들은 여전히 통찰력을 기다려야 했다. 그러나 뉴턴의 물질 법칙과 새로운 열과 에너지 법칙 사이의 불일치는 적나라하게 드러나 있었다. 뉴턴 법칙은 잼과 라이스 푸딩의 혼합이나 서로 다른 기체들의 혼합 같은, 어디에나 있는 자연의 비가역적 과정들을 다룰 수 없었다. 그러나 열역학은 할 수 있었다.

금이 간 거울: 에너지와 물질 사이의 불일치

모든 물리과학에서, 조각 퍼즐 맞추기의 가장 근본적인 두 조각인

물질과학과 에너지 과학은 서로 잘 들어맞지 않았다.

어떻게 해야 할까? 둘 중 하나를 버려야 할까? 어느 것을? 열역학을 버리면 안 되는 이유는 수없이 많았고, 그것은 작용을 했다. 그것은 반세기의 굳건한 관찰에 기본을 두고 있었다. 또 뉴턴 역학을 버리지 말아야 할 이유도 수없이 많았다. 그것은 여러 세기의 굳건한 증거에 기반을 두고 있고, 수 세기 동안 과학자들이 자연을 생각하는 방법을 형성했다.

그러므로 이런 매우 성공적인 과학 중 하나를 버리는 것은 선택 사항이 될 수 없었다. 유일한 결론은 무언가가 빠져 있다는 것이었다.

따라서 19세기 중반에 과학자들은 열역학과 뉴턴 물질을 어떻게 서로 맞출 것인가를 열심히 생각하게 되었다. 조각 퍼즐 맞추기의 빠진 조각은 무엇이었을까? 그것은 매우 필요한 의문이었지만 동시에 매우 위험한 것이었다. 물리과학의 두 반쪽을 붙이려는 시도는 오히려 그 둘이 융합되는 것을 어렵게 했다. 현실을 이해하는 도구로서의 과학의 유용성에 대한 것은 말할 것도 없고, 현실 그 자체의 본질에 대하여 논쟁이 격렬해졌다.

도움은 예기치 못한 곳에서 나왔다. 그러나 아직 완전한 것은 아니었다. 먼저 두 명의 천재 그리고 약간의 통계학이 도움을 주었다.

05

거인의 통계학

비가역성은 엔트로피로 나타낼 수 있다. 물질과학은 엔트로피에 대해 전혀 언급하지 않았다. 라이스 푸딩에서 잼을 분리할 수 없지 않았는가? 물질과학은 단지 어깨를 으쓱하고 멋쩍어하며 돌아서 버렸다.

에너지 과학과 물질과학이 적절하게 함께 결합하려면 무언가 다른 것이 필요했다. 또 다른 혁명이 필요했다. 갈릴레이, 뉴턴과 그 추종자들이 '지상 쾌락의 동산'에서 끌려나온 것처럼 19세기 중반의 과학자들은 이제 '결정론의 과수원'에서 나올 방법을 강구해야 했다.

19세기 중엽에 마침내 탈출구가 나타났다. 나타났다기보다는 오히려 두 사람에 의해서 만들어진 것이었다. 그들은 과학의 거인 시대에 등장한 두 명의 위대한 거인이었다.

그들이 찾은 탈출구는 '통계학'이라고 불렸다.

인디아 스트리트의 못생긴 아기: 맥스웰

에든버러의 뉴타운 중심, 고전적인 조지 왕조풍의 테라스 1층 전실에는 전 세계가 이미 본 적이 있는 못생긴 아기의 그림이 조용히 걸려 있다.

이 보기 좋지 않은 그림의 주인공은 성장해서 세계를 변화시켰다. 그가 없었더라면 분명히 라디오, 전기, 컬러 사진, 우주학 같은 것은 우리 생활에 없었을 것이고, 냉장고 자석 같은 것도 보지 못했을 것이다.

그 아이의 이름은 제임스였다. 조지 왕조풍 테라스가 있는 그 집은 인디아 스트리트 14번지에 있다. 아래층은 현재 박물관으로 쓰이고 있고 위층은 적절하게도 수학연구소다. 그 아기는 '역사상 세 번째로 위대'하다고 일컬어지는 과학자가 되었다. 세 번째가 된 것은 아인슈타인과 뉴턴에게만 뒤지기 때문이다. 그의 이름은 바로 제임스 맥스웰James Clerk Maxwell이다.

맥스웰은 1831년에 인디아 스트리트에서 태어났다. 그는 앞서 말한 그림이 그려질 때까지만 그곳에서 살았고 겨우 2살이 될 무렵 가족과 함께 스코틀랜드의 남서쪽에 있는 영지로 이주했다. 10살이 되자 제임스는 도시로 돌아와서 에든버러 아카데미 학교에 들어갔다. 그리고 로버트 브라운과 마찬가지로 1847년부터 1850년까지 에든버러 대학에 3년 동안 다녔고 그 후 케임브리지 대학으로 옮겨갔다. 그는 에든버러 아카데미에 있을 때 자신의 천재적인 수학적 재능을 알아차렸다. 14살 때 이미 그는 어떤 종류의 곡선에 대한 수학 연구 논문을 발표했다. 그는 다른 사람과 쉽게 사귀었으며 오랫동안 그들과 교유했다. 후에 에든버러 대학의 교수가 된 피터 테이트Peter Guthrie Tait 같은 몇몇은 그와 함께 19세기 중반의 과학적 엘리트 집단을 형성했다.

아마도 그것이 에든버러의 분위기였고, 당시가 특별히 호기심을 가지고 살기에 좋은 시대였을 것이다. 로버트 브라운과 마찬가지로 맥스웰에게도 자신을 둘러싼 세계의 메커니즘을 증명하려는 놀라운 욕망이 생겨났다. 심지어 그는 케임브리지에서 고양이를 학교 창문 밖으로 던져서 고양이는 항상 발로 착지한다는, 구전되는 이야기를 실험적으로 연구했다는 소문도 있었다. 어린아이 때부터 그는 수돗물에서부터 하인을 호출할 때 쓰는 종이 연결된 줄에 이르기까지, 모든 것이 어떻게 작용하는지 항상 알고 싶어했다.

20대였던 1850년대 후반에 맥스웰은 물리학자가 물질을 생각하는 방법을 전혀 다르게 변화시킬 준비를 부지런히 하고 있었다. 그 준비에는 항상 열역학이 그런 것처럼 기체에 대한 생각이 포함되었는데, 그는 특별하게도 수많은 작은 입자로 이루어진 기체를 생각했다. 그 입자들은 마치 맹렬히 움직이는 미세한 핀 볼 게임 공들처럼 앞뒤로 쏜살같이 움직이고 충돌하고 튕겨 나오는 것들이었다. 다시 말하자면 맥스웰은 원자의 집합으로 된 기체를 생각한 것이다. 이 기체 물질의 '입자' 모습은 뉴턴 시대 이후로 천천히 진화해왔으며 거기에 맥스웰이 막 등장할 무렵에 르네상스를 이루고 있었다.

운동론의 잘못된 출발

돌진하고 충돌하는, 눈에 보이지 않는 입자의 미소한 소용돌이로 기체 물질을 생각하는 이론에 기체의 '운동론'이라는 이름이 붙었다.

'운동론'은 에피쿠로스학파의 물질과 공간 이론에서처럼 모든 것이 운동을 하기 때문에 붙여진 것이다. 1738년으로 되돌아가면, 스위스의 수학자 다니엘 베르누이Daniel Bernoulli는 운동하는 많은 입자들로 구성된 공기에 근거를 두고서 대기압을 계산했다. 알려진 것처럼 베르누이의 생각은 세계를 밝게 비추지는 못했다. 어쨌든 그의 '공기 입자'에 대한 직접적 증거는 전혀 없었기 때문이었다. 그것은 수학적 게임이었다.

1820년에 존 헤라패스John Herapath라는 영국의 잘 알려지지 않은 과학자가 운동론을 신중하게 다시 생각했다. 헤라패스의 연구는 실험으로 시험해볼 수 있는 공기 중 음속 계산과 같이 흥미로운 방향으로 진행되는 것처럼 보였다. 그러나 불행하게도 여러 가지 수학적 실수 때문에 그는 연구를 중단했다. 과학계에서 전혀 인정을 해주지 않자 헤라패스는 낙담하여 과학계를 떠나 철도 잡지의 편집자가 되었다(지금은 이상하게 들릴지 모르지만 1820년대 당시 영국 철도는 통신 기술의 최첨단이었다. 아마도 열차 관련 정보를 다루는 것이 과학을 하는 것보다 훨씬 멋있었을 것이다).

운동론으로 행운을 다시 시험한 사람은 스코틀랜드의 과학자인 존 워터스턴John James Waterston이었다. 워터스턴은 헤라패스보다 과학계의 냉대를 더 받았다. 문방구 주인 겸 왁스 제조업자의 아들로 1811년에 에든버러에서 태어난 워터스턴은 처음에는 에든버러 대학에서 그리고 나중에는 런던 대학에서 과학과 기술을 공부했다. 1845년에 인도 뭄바이에서 해군 기술 감독으로 근무하는 동안, 그는 운동론에 대한 논문을 런던 왕립학회에 제출했다.

불행하게도 왕립학회의 존경을 받는 심사위원들은 그것을 '무의미'하다고 퇴짜를 놓았다. 당시 왕립학회에는 터무니없는 논문들이 많이 왔었고, 지금도 전 세계 각지로부터 수많은 논문들이 제출되고 있다. 애석하게도 워터스턴의 업적은 전혀 터무니없는 것이 아니었다. 실제로 그것은 그때까지 시도된 것 중에서 물질의 운동론에 대해 최고의 수학적 처리를 보인 것이었다. 그것은 바로 시험해볼 수 있는 중요한 예측을 담고 있었으며, 그리고 옳다고 증명되었다. 왕립학회는 바보짓을 했다.

반세기 후에, 왕립학회 회장이던 레일리 경은 왕립학회 논문집에 발표되지 못한 워터스턴의 논문을 우연히 발견하고서 실수를 인정했다. 레일리는 워터스턴의 업적을 무시한 것이 기체의 운동론을 10년에서 15년 정도 후퇴시켰다고 인정했다. 1860년대에 맥스웰과 클라우지우스의 시대가 되어서야 운동론은 제 궤도에 들어갔다.

워터스턴 자신은 고향인 에든버러로 돌아와서 본격적으로 과학을 계속했다. 그는 태양의 온도, 중력 이론, 액체의 모세관 현상 같은 다양한 주제에 대한 유명한 논문들을 발표했다. 여러 과학 단체와 더 많은 논쟁이 생겼다. 그는 자신의 생각이 결코 쉽게 인정받지 못할 것이라고 생각했다. 그는 점점 마음이 상하고 위축되었다. 학술 단체의 모든 언급은 워터스턴에게 씁쓸한 영광을 가져다주었다. 그는 에든버러 뉴타운의 동쪽 끝에 있는 게이필드 광장 근처의 집에 칩거하면서 점점 소외되어 갔다.

1883년에 결말이 났다. 로마의 시인인 루크레티우스Lucretius는 기원전 55년에 원자론자들 중에서 최초로 자살한 사람이었다. 그리고 워터스턴이 두 번째 사람이 되었다. 바람이 거세게 불던 어느 날 아침, 워터스턴은 바다와 닿아 있는, 도시의 북쪽 교외인 리스Leith로 산책하러 나갔다. 조선소 옆에 새로운 방파제가 건설되고 있었다. 방파제를 따라 걷고 있던 워터스턴은 어느 순간 사라졌다. 실망의 쓴맛과 부당한 무시 때문에 스스로 몸을 던졌던 것일까? 아니, 어쩌면 갑작스러운 사나운 파도가 서투른 과학 제도의 무식한 비평으로부터 그를 채 가서 영원의 세계로 데려간 것일 수도 있다.

냄새 문제의 해법

워터스턴의 운동론은 왕립학회 발표물의 망각 지대로 넘겨졌기 때문에 운동론에 관한 최초의 중요한 수학적 업적의 명성은 엔트로피의 선구자인 루돌프 클라우지우스에게로 돌아갔다. 1850년대에 십여 년 전의 워터스턴의 업적을 알지 못했던 클라우지우스는 운동론의 입자나 원자가 기체에서 실제로 어떻게 운동을 하는지 생각하기 시작했다. 클라우지우스는 '냄새 문제'라고 하는 어려운 운동론 문제를 해결했다.

기체에서 실제로 압력을 나타내는 입자들의 운동이 있다면 그것은 입자의 속도를 측정하는 데 필요한 직접적 방법이 될 수 있다. 압력은 이를테면 풍선을 누르려고 할 때 느끼는 감각이다. 그러나 이런 계산을 해보면 그 값이 너무 크게 나와서 즉시 기체의 입자론 전체에 대하여 반발이 일어나게 되었다.

예를 들면, 맨체스터 대학의 과학자인 제임스 줄James Prescott Joule은 암모니아 분자가 관찰된 압력을 나타내려면 초속 600미터로 운동을 해야 한다고 계산했다. 이제 암모니아 냄새를 맡아보자. 서투른 화학도가 우연히 실험실의 한구석에서 암모니아를 약간 엎질렀을 때 실험실의 다른 구석에 있는 학생이 냄새를 맡는 데는 몇 초 또는 몇 분이 걸린다. 전형적인 학교 실험실은 아마도 길이가 30미터 정도 될 것이며, 암모니아 분자가 실제로 초속 600미터 정도로 운동한다면 실험실의 학생들은 모두 즉시 엎질러진 화학물질의 냄새를 맡을 것이다.

클라우지우스는 냄새 문제의 잘못을 지적했다. 분명히 암모니아 분자는 초속 600미터로 운동할 수도 있다. 그러나 그것은 다른 암모니아 분자들로 둘러싸여 있다. 심지어 묽은 기체에서도 많은 분자가 있고 그것들은 계속해서 서로 충돌하고 다른 방향으로 튕겨져 나온다. 클라우지우스는 한 분자가 다른 분자와 충돌하여 방향을 바꾸기 전에 비교적 짧은 거리밖에 직진하지 못한다는 것을 증명했다. 화학실험실에서 엎질러진 암모니아에서 나온 증기는 이런 방법으로 계속 충돌하면서 조금씩 이동했을 것이다. 이런 식으로 실험실을 가로지르려면 각 분자가 충돌하기 전에 매우 빠르게 운동한다고 하더라도 냄새 나는 기체가 도달하는 데 상당한 시간이 걸릴 것이다.

'역학 연습 문제'

1859년 2월, 〈물리학 연보*Annalen der Physik*〉에 발표된 클라우지우스의 업적을 보고 맥스웰은 열망에 사로잡혔다. 그는 열심히 공부하는 호기심 많은 학생처럼 몇 가지를 빠르게 계산했다. 그는 단지 자신이 계산을 할 수 있는지 알아보고자 그것을 푸는 것 같았다. 그는 동료인 조지 스토크스George Stokes에게 보낸 편지에서 그것을 '역학 연습 문제'라고 불렀다. 바삐 날아다니며 서로 충돌하는 클라우지우스 기체 입자들의 모양을 이용하여 맥스웰은 기체의 점도, 즉 누르는 힘 같은 것에 기체가 어떻게 저항하는지를 예측해보려고 했다. 점도는 측정될 수 있었다. 기체 운동론이 실제 필요로 하는 것은 그것을 지지해줄 몇 가지 실험이었다.

맥스웰의 동료인 스토크스는 그에게 현재의 실험 측정값을 알려주었다. 그것은 밀도가 클수록 기체 점도가 더 커지는 것을 나타내는 것 같았다. 맥스웰은 이 측정값들이 원자로 된 기체의 운동론이 보이는 결과와 일치한다는 것을 증명하려고 시도했다. 그러나 이론 계산값을 실험 결과와 비교하고 실망하고 말았다. 그의 계산은 기체의 힘에 대한 저항성은 밀도에 상관없이 같아야 한다고 예측하여서, 실험 결과와 일치하지 않았다.

불일치는 기체 운동론이 틀렸다는 명확한 증거가 되었다. 그것은 실제 실험과 일치하지 않았다. 처음에 맥스웰은 운동론이 옳을 것이라는 직감이 있었지만 이 결론을 받아들이려고 했다.

하지만 완전히 만족하지 못했다. 그는 스토크스가 알려준 측정값보다 더 세심하게 기체의 점도를 측정할 수 있는 자신만의 실험 장치를 만들었다. 그는 기체 압력을 조절할 수 있는 용기를 만들어서 묽은 증기부터 진한 농무까지 밀도를 조절하고 온도 등 다른 조건들은 그대로 유지했다. 매우 다양한 밀도에서 대상 기체에 젓개를 넣어 힘에 대한 저항성을 측정했다.

그는 공기와 다른 기체들의 밀도를 측정하면서 찾아낸 것들을 고려하여, 머릿속에 들어 있던 그전의 결론을 바꾸었다. 더 주의 깊게 측정을 하자 기체의 저항성은 밀도에 상관없이 실제로 일정했다.* 묽은 증기와 진한 농무는 똑같이 행동했다. 맥스웰은, 이전에 스스로 틀렸다고 선언했던 자신의 계산이 옳다는 것을 증명하는 이상한 상황에 놓이게 되었다. 그 자신의 실험이 결국은 운동론을 지지해주었다.

맥스웰이 뒤늦게 깨달은 대로 그의 결과는 의미가 있었다. 밀도가 낮은 기체는 더 작은 입자를 가지지만 서로 충돌하는 사이에 더 멀리 움직인다. 두 가지 효과가 균형을 이루어서 상쇄되고, 그 결과 전체 저항은 변화가 없다.

그것은 맥스웰에게는 예상하지 못한 발견이었으며 기체 운동론의 유용성에 관한 신념을 심어주었다. 그는 철저한 실용주의자였다. 그는 원자들이 어떻게 생겼는지 알지 못하고 운동론이 제대로 설명할 수 없는 몇 가지 사실을 알고 있었지만, 이제 수학으로 계산하여 실험과 일치했다는 것을 알게 되었다.

그러나 운동론을 진정한 성공의 길로 올려놓은 것은 그의 그다음 통찰력이었다.

통계적으로 말하자면

새로 등장하는 통계학에 대한 맥스웰의 생각은 아마도 그가 〈에든버러 리뷰*Edinburgh Review*〉에서 확률 수학에 대한 책 소개를 읽을 때인 19살 때 생겼던 것 같다. 그는 통계학에 대한 관심을 키워 오다가 몇 년 후 마침내 케임브리지 대학 학부생이었을 때 특별히 다루기 어려운 역학 문제에 내기를 걸기로 했다. 그것은 토성이 실제로 고리를

* 이것은 운동론의 가장 단순한 형태를 적용할 수 있는 단순한 기체들에 대해서는 사실이다.

가질 수 있을까 하는 문제였다.

물론 행성인 토성은 고리를 가지고 있다. 갈릴레이는 그것에 대한 최초의 증거를 관찰했으며 나중에 천문학자들은 거대한 기체 덩어리가 아름다운 색의 원반들로 둘러싸여 있다는 것을 확인했다.

수학적으로 토성의 고리는 19세기 중반에 약간의 모순을 일으켰다. 원반들이 고체 원반이라면 토성의 중력이 그것들을 분해하려는 힘의 불균형 때문에 안정할 수가 없었다. 케임브리지 대학은 고리가 어떻게 안정한지 또는 안정하지 않은지에 대한 고리의 안정성을 수학적으로 증명하거나 반증한 사람에게 애덤스상을 주기로 했다.

맥스웰은 그 고리들이 하나의 고체 물질이 아니라, 해변의 모래사장이 모래 알갱이들로 이루어진 것처럼 알갱이들의 집합이라고 생각했다. 알갱이들로 이루어진 그런 고리의 안정을 증명하려는 맥스웰에게 문젯거리는 그것들의 수가 너무 많으며 각각에 대한 힘들을 모두 계산할 수 없다는 점이었다. 실제로 우선 알갱이들이 얼마나 큰지 또는 얼마나 빠르게 운동하고 있는지 알 수 있는 방법이 전혀 없었다.

맥스웰이 3년 동안 노력한 후 보여준 것처럼, 여기에는 입자들의 통계학을 고려하는 것이 필요하다. 이때 민주주의적 생각을 해야 한다. 각 알갱이가 무엇을 할 것인지를 생각하지 말고 각 알갱이가 평균적으로 어떻게 행동하는지를 생각해보아야 한다. 맥스웰은 통계학적 계산을 통해서 알갱이가 어떤 크기들로 퍼져 있는 조건이 만족되면 토성이 안정된 고리를 가질 수 있다는 것을 발견했다. 알갱이들은 날아가지 않을 것이다. 그것은 수학적으로 만족스러운 것이었다.

맥스웰은 애덤스상을 받았으며 이후에 이 통계적인 입자의 운동을 자신이 연구 중인 기체 분자의 운동론에 편입시켰다.

그런 문제를 해결하고자 했던 클라우지우스를 비롯한 대부분의 과학자는 그때까지 모든 기체 분자가 똑같은 속도를 가진다는 가정에 만족하지 못했다. 그것은 단순화한 가정이었으며 물리학자들은 그런 것을 전혀 좋아하지 않았다. 또 아무도 그 결과에 대해서는 그렇게 많이 생각을 하지 않은 것 같았다. 맥스웰은 대신에 기체 분자들이 서로 다른 속도로 퍼져 있다면(이것을 통계학적으로 속도의 '분포'라고 한다.) 어떤 일이 일어나는지를 조사했다. 확률에 바탕을 둔 간단한 주장들로부터 그는 이 속도 분포에 대한 수학적 형태를 유도했다. 이 수학적 함수 또는 '확률 분포'에서 우리는 이런 속도 또는 저런 속도를 가진 기체 분자의 비율을 알 수 있다. 물론 많은 것이 평균 주위에 무리를 지어 있을 것이지만 더 빠른 것과 더 느린 것 들도 약간 존재할 것이다.

갑자기 운동론은 '동적動的'이 되었으며, 변화를 수용하고 변이를 포함하고 변동을 갖게 되었다. 분자들은 서로 다른 속도를 가질 수 있었다. 분자의 속도는 시간에 따라 변했으며 서로 마구잡이로 충돌했다. 특정한 시간에 특정한 분자의 속도를 예측하려는 희망은 품을 수 없었으나 전체의 속도 분포는 알 수 있게 되었다. 따라서 이제 이런 속도 저런 속도를 가진 선택된 분자의 확률을 추정할 수 있게 되었다.

많은 혁명처럼, 이것의 중대한 의미는 그 당시에는 분명하지 않았다. 실용적인 맥스웰은 자신의 통계적 방법이 제 기능을 한다는 바로 그 사실을 좋아했다. 수학에 의하면 속도 분포를 알 수 있고 그것으로부터 기체의 모든 종류의 평균 성질에 대해 예측들을 할 수 있었다. 점점 더 많은 실험이 이루어짐에 따라 이런 것 대부분은 옳음이 밝혀졌다. 맥스웰의 업적은 마침내 물질의 원자론을 공고하게 지지해주게 되었다.

뉴턴의 시계장치 같은 우주Clockwork Universe는 실제 과학을 연구하는 데는 희망이 없는 곳이었다. 맥스웰은 각 분자의 운동에 대한 실제 지식을 통계 분포 평균으로 치환하는 통계학에 대해 눈을 떴고, 그 연구를 시작했다. 속도는 통계적으로 평균적인 무리를 이루며 마구잡이로 변동하는 수치가 되었으며, 필수적인 기본 분포를 따랐다.

맥스웰의 생각이 얼마나 혁신적이었는지에 대한 열쇠는 '마구잡이'라는 말 속에 들어 있다. 뉴턴의 규칙에는 마구잡이가 들어갈 틈이 전혀 없었지만 맥스웰의 실용주의는 그 틈이 얼마나 유용한지를 보여주었다. 과학자들이 결정론 과수원을 탐험함에 따라서 오랜 시간 감춰져 있던 '지상 쾌락의 동산'의 혼돈이 다시 어렴풋하게 보였다.

그러나 맨 처음에 맥스웰을 운동론의 궤도에 올려놓았던 클라우지우스는 어떻게 되었을까? 맥스웰이 통계학의 가치를 증명하고 있던 시기에 클라우지우스는 과학적 우선성에 관한 여러 가지 논쟁에 끌려 들어가고 있었다. 매우 애국적이었던 그는 자신을 프러시아 과학의 옹호자로 생각했다. 1870년에 프랑스-프러시아 전쟁이 발발했다. 프랑스는 독일 연방주의 재상인 비스마르크의 계략으로 라인란트를 침입했다. 클라우지우스는 애국심을 발휘하여 싸우기로 했다. 그는 자신의 본 대학 학생들을 야전 구급대원으로 활약하도록 결집

해서 함께 전선으로 나갔다. 전쟁터에서 클라우지우스는 심한 다리 부상을 입었으며, 공로로 철십자 훈장을 받았다. 전쟁 후에 클라우지우스는 에너지론의 독창성에 대한 주장을 계속했으며 영국의 상당한 과학적 공헌 같은 다른 업적들을 인정하려 하지 않았다.

이런 애국적 광기가 아마도 클라우지우스가 맥스웰이 선구에 선 최신의 통계학 발전을 따르려 하지 않은 또 다른 이유일 것이다. 혁명적 과학자였던 클라우지우스는, 이유가 무엇이었든 간에, 혁명을 항상 잘 수행할 수는 없었다. 그런 예는 곧 다른 과학자에게서도 나타났다. 이번에는 오스트리아 사람이었으며, 아마도 모든 중간세계의 이야기 역사에서 가장 비극적인 인물일 것이다. 그는 볼츠만이었다.

또 다른 거인: 볼츠만

맥스웰이 유쾌한 성품을 지닌 매우 행복한 스코틀랜드 영주이자 수학의 명수였다면, 물질과학의 통계적 전환에서 그의 상대였던 인물은 그와는 매우 대조적이었다. 그는 세상의 모든 짐을 자신의 어깨에 지고 다니는 듯 보이던 인물이었다. 그는 과민했으며 사소한 비판도 참을 수 없어서 자신을 날카롭게 방어했다. 그는 우울증 그리고 만성 방랑벽과도 싸웠다. 결코 어느 곳에도 안착하지 못했다. 그는 철학적 문제의 미로에 사로잡혀서 마침내는 자신이 출발시켰던, 계속 앞으로 나아가는 과학 발전에서 스스로 뒤처지게 되었다. 맥스웰이 유머가 풍부한 짧은 노래를 썼다면 우리의 두 번째 통계 거인은 베토벤의 장송곡과 내세에 몰두했다. 그에게 있어서 인생은 회전목마라기보다는 거대한 투쟁이었다.

그는 바로 루트비히 볼츠만Ludwig Boltzmann이었다.

1844년 빈에서 태어난 볼츠만은 불안정한 시대에 오스트리아 제국과 유럽 대륙을 오가며 성장했다. 1810년대 후반, 워털루 전투 후의 황폐한 유럽에서는 나폴레옹 이후 새로운 권력들이 등장했다. 19세기 중반에는 이미 이런 새로운 제국들이 새로운 혼돈 시대를 알리는 첫 속삭임 속에서 충돌하기 시작했다. 오스트리아-헝가리 제국은 권력이 강화되고 있는 프러시아와 영국 뒤로 한참 뒤처지는 것을 감수하고서 반세기 동안 몰려오는 폭풍을 견뎌냈다.

볼츠만에게 시대 상황은 큰 문제가 되지 않았다. 그는 물리학과 수학에 몰두하여, 자신이 조숙하게 영리하고 부지런한 학생임을 드러냈다. 일화집에 의하면 그가 제일 먼저 읽은 논문은 제임스 맥스웰의 것이었다. 맥스웰과 그의 연구는 일생 동안 볼츠만을 인도하는 등불이 되었다.

1868년, 24살이었던 볼츠만은 기체의 운동론에 관한 통계 분석에 관한 논문으로 스승을 능가했다. 그는 맥스웰의 새로운 접근법에서 영감을 얻고 통계학을 이용하여, 맥스웰이 수학적 추론에 의해서만 도달한, 분자 속도의 분포가 중력을 받는 대기 중의 기체들과 같은 기체의 물리적 모양에 더 잘 들어맞는다는 것을 증명했다.

볼츠만의 초기 경력은 자주 옮겨다니고 일의 전망을 교묘하게 다루는 것이 특징이었다(오늘날의 과학자들에게는 흔한 일이지만). 1869년에 그는 빈 대학에서 그라츠 대학으로 옮겼으며, 난방도 되지 않는 자그마한 방 세 칸이 있는 곳에서 실험 연구뿐 아니라 수학 발전에 몰두했다. 그리고 그는 어머니와 누이와 함께 지냈다(볼츠만의 아버지는 볼츠만이 15살이 되던 해 결핵으로 죽었으며, 누이의 말에 따르면 그 후부터 그가 '매우 신중'해졌다고 한다). 명성을 얻고 야망이 커감에 따라 볼츠만은 대륙의 물리학계 선구자들에게 자신이 알려지기를 바랐고 오스트리아와 독일의 일류 물리학과를 빈번하게 방문했다. 볼츠만은 1873년에 그라츠에서 결혼할 여자를 만난 지 얼마 되지 않았는데도 불구하고 수학 강사직을 받아들여 빈 대학으로 돌아갔다. 그곳은 두말할 필요가 없는 오스트리아 과학의 중심지였으며, 수학을 가르치는 방법을 실제로 알지 못하는 사람일지라도 거부하기 어려운 자리였다. 볼츠만은 고향인 빈에서 단지 자신의 지위를 올리는 수단으로, 취리히 대학이나 프라이부르크 대학 같은 곳의 직위 제안을 받아들이는 게임을 계속했다.

그러는 동안 볼츠만의 운동론에 대한 통찰력은 급속하게 커졌다. 클라우지우스가 우선권에 대한 논쟁으로 시간을 보낼 때인 1872년에 볼츠만은 〈빈 학회지*Wiener Berichte*〉에 엄청난 논문을 발표했다. 그것은 100쪽에 달하는 어려운 수학이었으며 그는 거기에서 기체 분자의 운동에 대한 통계학을 거의 완벽하게 설명했다. 이는 결정타였다. 볼츠만은 하나의 비교적 간단한 방정식으로 운동론의 요점을 정리했다. 마구잡이로 변하는 입자 속도들(또는 실제로는 에너지)의 통계적 분포가 어떤 상황에 반응하여 어떻게 나타나야 하는지를 나타내었다. 볼츠만이 보여준 가장 중요한 것은, 평형에 있는 (흐르지 않고 정지한) 기체에 대해서 맥스웰이 발견한 속도 분포 형태가 그 방정식에 대한 유일하고 그럴듯한 풀이라는 것이었다. 볼츠만의 1872년 논문은 물리학의 불꽃과 같은 표현이었으며 아마도 뉴턴의 〈수학적 원리*Principia Mathematica*〉

이래로 가장 위대한 수학 논문 중 하나일 것이다.

하지만 불행하게도 거의 모든 사람들이 그것이 거의 이해가 불가능하다는 점에 대해서도 동의했다.

우아함이 없는 엔트로피

볼츠만은 걱정을 했을까? 그렇기도 하고 아니기도 하다. 사람들은 그의 수학이 어렵다고 말했다. 그의 설명은 차분하게 고려되고 조심스럽게 정렬되었다기보다 축어적이었다. 그러나 그는 자신만의 방법을 가지고 있었으며 그것을 고집했다. 그는 '우아함은 양복장이나 양화업자를 위한 것이다.'라는 유명한 말을 했다. 1872년 이후로 볼츠만은 자신이 운동론에서 매우 중요한 단계에 도달했다는 것을 깨달았다. 이때부터 그는 자신이 옳은 방향으로 나아가고 있다는 것을 알고서 생각을 다듬을 수 있었으며, 이후 십 년이 넘는 기간 동안 그 일을 했다.

그것은 정확하고, 확신에 차고, 안정된 연구였다. 잠시 동안, 인생이 볼츠만을 지배한다기보다 볼츠만이 인생을 지배하는 것처럼 보였다. 1876년에 그는 예전의 그라츠로 돌아가서 물리학과장이 되었다.• 빈은 물리학자들이 열망하는 우주의 중심이었지만 이제 볼츠만은 자신의 흡입력을 갖게 되었다. 그는 가는 곳마다 중심 인물이 될 수 있었다. 게다가 빈의 수학과를 벗어남으로써 자신이 쉽게 지루해하던 수학자들을 가르치는 일을 더는 하지 않아도 되었다.

거처를 그라츠로 옮긴 것은 볼츠만에게 행복한 시절의 시작이었

• 전임 물리학과장은 승강기 통로에 굴러떨어져서 불가사의하게 죽었다.

다. 그라츠에서 볼츠만과 아내 헨리에트는 14년간 비교적 평화롭고 만족스러운 시간을 보냈다. 그동안 헨리에트는 두 아들과 두 딸을 낳았으며 볼츠만은 물리학의 여러 범주에 걸쳐서 자신의 호기심을 마음껏 펼쳤다. 볼츠만의 수학에 대해 우아하지 못하고 어렵다는 비판도 있었지만 그의 운동론에 관한 성공적인 연구는 서서히 과학계에서 인정을 받기 시작했다. 예를 들면 마치 예술의 새로운 동향이 처음에는 이해를 받지 못하고 심지어 많은 사람에게 반발을 받지만 점차 수용이 되는 것과 같았다.

볼츠만은 아직 완결은 하지 못했다. 1877년에 그는 이어서 중요한 운동론 논문을 발표했다. 물질 통계학을 받아들여 19세기 에너지 과학의 중심으로 가져온 이 논문은 에너지와 물질의 두 가지 과학을 결합하는 방법을 최초로 어렴풋하게 보여주었다. 볼츠만은 1877년 논문에서 라이스 푸딩 문제에 대한 통계학적 해를 찾았다. 뉴턴 법칙을 위배하는 양인 신비한 엔트로피에 대한 역학적·원자적·물질적 해석이었다.

볼츠만은 엔트로피가 오히려 단순한 통계적 양과 직접적으로 동등하다는 것을 보여주었다. 엔트로피는 셀 수 있는 숫자다. 기체 시료의 엔트로피는 기체의 총에너지를 그것을 구성하는 입자들 사이에서 분배하는 방법의 수다.

10명의 학생과 20개의 오렌지가 있다고 생각해보자. 학생들이 오렌지를 나누어 가질 방법은 여러 가지가 있다. 한 학생이 20개를 모두 가지거나, 모두가 2개씩 가지거나, 5명이 3개씩 가지고 나머지 5명이 1개씩 가질 수도 있다. 볼츠만의 용어로 말하자면, 이 오렌지 집합의 엔트로피는 단지 20개의 오렌지가 배분될 수 있는 각각 다른 방법이 몇 가지인지 그것만 센다.

볼츠만의 대약진 정책Great Leap Forward은 자신의 엔트로피 계산 방법으로 가역적 역학 법칙을 따르는 뉴턴식 원자들이 비가역적으로도 행동할 수 있다는 것을 보여줌으로써 완성되었다. 그것은 라이스 푸딩 역설에 대한 해법이었다. 통계적으로 계산하면 기체의 엔트로피는 열역학 제2 법칙을 따른다. 엔트로피는 증가할 수 있지만 결코 자발적으로 감소할 수 없다.

기체는 가역적인 역학 법칙을 따르는 입자들로 구성되었지만 매우 많은 수의 그런 입자로 구성되었기 때문에 그 행동은 '통계적'으로는 비가역적이다. 볼츠만은 모든 과정에서 기체의 구성 입자들이 서로 충돌하면서 빠르게 운동하면, 에너지를 공유하여 그것들 사이의 총 에너지의 가능한 순열의 수, 즉 엔트로피가 증가한다는 것을 보여주었다. 수십억 개의 충돌 입자로 구성된 소란스러운 혼돈에서 볼츠만의 통계학은 엔트로피가 증가만 할 수 있다는 일방향 신호를 나타낸다.

볼츠만의 엔트로피 식은 기체의 운동론에서 자연적으로 등장했다. 운동론은 비가역적 열역학과 맞물려 있었다. 볼츠만은 아무도 예측하지 못한 곳에서 비가역성을 발견했다. 그것은 뉴턴의 결정론 깊숙한 곳에 파묻혀 있었다.

어질러진 침실과 혼합된 라이스 푸딩

볼츠만의 통계 결과는 옛 뉴턴주의자의 공포 대상인 라이스 푸딩 문제에 대한 운동론적 설명에 대한 길을 열었을 뿐 아니라, 또 다른 일상적 수수께끼인 침실이 그렇게 쉽게 어질러지는 이유도 설명해준다.

어질러진 침실 문제를 생각해보자. 당신은 많은 일을 해서 방을 아주 깨끗하게 치울 수 있다. 이제 그냥 내버려 두자. 방이 스스로 자연적 평형에 도달하게 하자. 많은 부모가 알고 있듯이 매우 짧은 시간에 침실은 완전히 엉망이 된다. 열심히 치우지 않으면 침실은 계속 그렇게 있을 것이다. 왜 그럴까?

그것은 단지 정돈된 침실과 정돈되지 못한 침실의 엔트로피 문제다. 정돈된 침실의 엔트로피는 낮다. 볼츠만의 엔트로피를 계산하는 통계 방법에 따르면, 양말, 구두, 셔츠, 바지를 제자리에 놓아서 방을 정돈하는 것에는 단지 한 가지 방법밖에 없다.

반대로 물건들을 잘못된 자리에 놓아서 침실을 어지럽히는 것에는 많은 방법이 있다. 정돈되지 못한 침실의 엔트로피는 정돈된 침실의 엔트로피보다 훨씬 더 높다.

일상생활의 변화에 따라서 침실이 변하게 놓아두는 것과 같은 자연적 과정에서 침실의 엔트로피는 항상 증가한다. 그것이 열역학 제2 법칙이다. 침실은 정돈된 상태에서 자연적으로 멀어지므로 낮은 엔트로피에서 정돈되지 않은 높은 엔트로피로 향하게 된다.

침실이 그렇게 엉망이 되는 것은 순전히 열역학 제2 법칙 때문이다.

볼츠만의 이론과 엉망이 된 침실에 대한 비유도 엔트로피가 질서 개념과 어떻게 관련되어 있는지를 보여준다. 어떤 계의 '질서가 있는'(또는 정돈된) 상태는 보통 엄격하게 정의되어서 (모든 옷이 제자리에 있는 것 같이) 보통 그런 상태에 도달하는 데에는 몇 가지 방법만 있다. 엔트로피는 방법의 수를 헤아린다. 질서가 있는 상태는 엔트로피가 낮다. 반면, 무질서한 상태는 엔트로피가 높다. 엉망으로 만드는 데는 많은 방법이 있다. 높은 엔트로피 상태인 엉망인 상태는 질서보다 더 자연스러운 것이다.

그러나 라이스 푸딩의 경우는? 뉴턴식으로 생각한다면, 잼을 라이스 푸딩 안으로 섞이게 젓는 것의 비가역성은 불가능해 보인다. 이때 볼츠만의 엔트로피가 또다시 문제를 해결한다.

푸딩과 잼이 분리된 원래 상태는 '질서가 있는' 상태다. 모든 잼이 한곳에 있고 모든 푸딩이 다른 곳에 있는 단 한 가지 가능한 순열이 그것을 만족시킨다. 볼츠만의 이론에 따르면, 그런 질서는 일단 잃어버리면(즉, 젓기 시작하면) 재배치하기가 불가능해진다. 입자들(이번에는 기체 원자들이 아니라 푸딩과 잼)은 완전히 뉴턴식이지만, 충돌의 혼란은 항상 푸딩의 엔트로피를 증가시키므로 항상 무질서가 증가한다. 질서가 있는 상태로 돌아오는 것, 즉 잼과 푸딩이 분리되어서 낮은 엔트로피 상태로 되는 것은 불가능하다.

라이스 푸딩에 대한 볼츠만의 교훈은 이렇다. '푸딩 입자가 개별적으로 가역적이라면 어떻단 말인가? 통계적으로 푸딩은 그렇지 않다.'

거짓된 안도감

볼츠만은 뉴턴 역학과 열역학이라는 물리학의 위대한 주제들을 통일하는 최종 상태에 도달한 것으로 보였다. 두 이론은 서로 일치하지 않았지만 모두 작용했다. 이 시점에서 볼츠만은 불일치가 단지 통계학의 문제라는 것을 보여주었다. 충분히 많은 수의 뉴턴식 입자들이 함께 있으면 마술처럼 열역학의 비가역성이 등장한다. 두 이론 사이의 틈새는 표면에만 존재했다. 깊은 곳에서는 이론들이 이음매가 없이 서로 맞물려 있었다.

어쩌면 놀랍게도 나머지 과학 사회는 볼츠만의 승리를 확신하지 못했을 것이다. 19세기의 마지막 20년이 지나면서 볼츠만은 급속하게 줄어드는 통계동역학 지지자들의 선두에 자신이 서 있다는 것을 깨달았다. 그리고 그가 1870년대에 발표했던 논문들은 볼츠만과 원자론자들을 거짓된 안도감에 빠뜨렸던 것으로 보이기 시작했다.

한 가지 어려움은 결과를 유도한 볼츠만의 에두르는 수학이었다. 심지어 맥스웰도 볼츠만의 이론을 완전히 이해하는 데 많은 어려움이 있었으며 읽으면 읽을수록 알 수 없다고 불평했다. 20년 후인 1895년에도 영국 물리학자들은 여전히 볼츠만이 자신의 이론을 스스로 적절하게 설명하여 〈네이처Nature〉에 실을 것을 요청하고 있었다. 볼츠만의 생각에 대한 수용은 독일어권에서는 상황이 더 좋지 않았다. 19세기 말까지도 독일과 오스트리아의 많은 과학자들은 볼츠만의 생각과 원자 사상을 믿을 수 없는 것으로 딱 잘라 생각했다.

볼츠만의 통계 운동 이론에 나타나기 시작한 균열에 대해, 볼츠만의 가장 오래된 과학계 친구이자 동료 중 한 사람도 부분적으로 최소한의 책임이 있었다. 그 사람은 요제프 로슈미트Josef Loschmidt였다. 한때 사업가였으나 불행하게도 파산한 서투른 기업가였던 로슈미트는 빈 대학에서 어렵게 교수직을 구했는데, 1860년대였던 당시에 볼츠만은 대학생이었다. 볼츠만을 공격하는 많은 사람들과 달리 로슈미트는 정말로 운동론에 대해 트집을 잡으려고 하지 않았다. 그는 스스로 기체 분자의 크기를 실제로 추정하는 연구에 그 이론을 최초로 이용한 사람이었다. 로슈미트가 볼츠만의 이론에 이의를 제기한 진짜 목적은 이론의 논리를 개선하기 위함이었다. 로슈미트는 볼츠만이 수학이 아니라 추론에 결함을 가지고 있다고 생각했다.

분명히 로슈미트는 운동하는 입자들이 시간에 따라서 가역적인 뉴턴 법칙을 따른다면 무질서에서 질서로 돌아가는 방법이 최소한 한 가지는 있다고 말했다. 다시 말해서 엔트로피가 감소하는 것이 가능하다는 것이다. 예를 들어 섞이지 않은 푸딩과 잼('질서' 또는 '낮은 엔트로피')으로 시작해보자. 그것을 저으면 무질서한, 높은 엔트로피 상태가 된다. 뉴턴식의 푸딩과 잼 입자들은 각각 시간에 따라 가역적인 방법으로 행동했다. 따라서 저어진 상태에 도달하는 방법이 있다면 다시 돌아가는 방법이 최소한 한 가지는 있어야 한다. 우리가 정확하게 모든 입자의 모든 운동을 거꾸로 한다면, 물론 실제로 그렇게 하기가 어렵겠지만, 뉴턴 법칙에 의하면 저은 것이 풀리고 푸딩이 거꾸로 저어져야 한다.

그러면 저은, 무질서한, 높은 엔트로피는 젓지 않은, 질서 있는, 낮은 엔트로피로 갈 것이다. 뉴턴에 따른다면 완전히 가능한 그런 과정은 엔트로피 감소를 가져올 것이다. 그러나 이것은 열역학에 따르면 완전히 불가능하다.

로슈미트에 따르면 비록 실제 실험에서 찾기는 어렵겠지만 엔트로피를 감소시킬 방법은 최소한 한 가지가 존재하므로 열역학 법칙을 위반할 한 가지 방법이 최소한 존재한다. 그래서 로슈미트는, 볼츠만의 뉴턴식 운동 기체는 (그리고 뉴턴식 라이스 푸딩도) 여전히 열역학과 조화되지 않는다고 말했다.

조각 퍼즐의 조각들은 여전히 서로 들어맞지 않았다.

로슈미트의 주장은 볼츠만을 박살내는 것이 아니라 오히려 그에게 유용한 것으로 밝혀졌다. 그것은 통계학의 기본 역할을 다시 강조해주었다. 볼츠만은 로슈미트에게 응답했다. 당신이 옳다면 엔트로피를 감소시킬 방법이 존재한다. 그렇다면 틀린 것은 내가 아니라 열역학 제2 법칙이다!

볼츠만은, 우리는 엔트로피 감소를 금지해서는 안 되며 단지 통계적으로 그것이 그렇지 않다는 것을 깨달아야 한다고 말했다. 실제로 라이스 푸딩에서 엔트로피를 감소시킬 방법은 한 가지 또는 두 가지가 있다. 그러나 그것을 증가시킬 방법은 수십 억의 수십 억 배나 있다. 따라서 옳은 방법을 아주, 아주, 아주, 아주, 아주, 아주 조심해서 선택하지 않는 한, 당신은 거의 항상 엔트로피가 증가하는 것을 볼 것이며 감소하는 것은 결코 볼 수 없을 것이다.

자연은 항상 엔트로피가 증가하는 '법칙'을 따르는 것으로 보인다. 그러나 한 가지는 분명하다. 실제로 완전한 법칙이 아니며 단지 통계적으로 훨씬 압도적이라는 것이다.

우리 대부분은 아마도 복권에 대해서도 같은 방식으로 느낄 것이다. 분명히 당첨되는 방법이 있다. 그러나 매우, 매우, 매우, 매우, 매우 운이 좋지 않는 한 항상 당첨되지 않는다. 마치 항상 당첨이 되지 않는다는 자연의 법칙이 있는 것처럼 보인다. 물론 그런 법칙은 전혀 없다. 그것은 단지 당신에게 맞지 않는 기회가 너무나 많이 쌓여 있기 때문이다.

볼츠만은 자신이 논쟁에서 이겼다고 생각했지만 다른 많은 과학자들은 여전히 그가 말한 것을 이해하지 못했다. 19세기가 끝날 무렵, 논쟁과 오해는 험악한 상태에 이르렀다. 볼츠만은 스스로를 원자론과 운동론의 최후의 수호자처럼 느끼기 시작했다.

그는 아마도 자신과 쌍벽을 이루던 위대한 통계학자인 맥스웰이 너무 젊은 나이에 죽은 것 때문에(1879년) 더 불운했을 것이다. 맥스웰의 사후 평판은 그의 전자기 이론과 함께 거의 난공불락이 되었다(무엇보다도 전자기 이론은 라디오파와 다른 전자기파의 존재를 예언했으며 이어서 실험으로 확인되었다). 맥스웰이 볼츠만의 편을 들어서 논쟁을 했더라면 볼츠만은 분명히 더 편한 세월을 보냈을 것이다.

이런 모든 수학적 논쟁 가운데서 볼츠만이 지지를 받는 데 필요했던 것은 더 많은 수학이 아니라 굳건한 실험적 증거였다. 모든 사람이 알아볼 수 있는 통계학에 관한 실제적 증거였다.

많은 사람은 그럴 가망이 거의 없다고 생각했겠지만 19세기 말경에 그 증명은 나올 것이었다. 그러나 볼츠만에게는 너무 늦은 출현이었다.

이탈리아의 호텔에서

오랫동안 볼츠만은 의심론자와 철학자 들로부터 자신의 생각을 방어하면서 외로운 길을 헤치고 나아갔다. 그의 인생은 성공적인 과학자들에게 예상되는 것처럼 질서 있게 진행되지 못했다. 이제 막 운동론에 관한 십여 년간의 힘든 연구에 대한 보상을 얻을 무렵인 1880년대에 볼츠만은 위대한 전통을 가진 오스트리아-독일 대학 중 한 곳에 자리를 잡았지만, 웬일인지 방황하기 시작했다.

그는 그라츠에 있는 집에 정착하지 못했다. 여러 곳에서 온 일자리 제안 중 하나를 수락한 후에도 마음을 바꿔서 다른 곳을 기웃거렸다. 가족이 베를린이든 빈이든 어디를 가든지 볼츠만은 곧 싫증을 느끼고 또 다른 곳으로 이주하고 싶어했다.

1880년대 볼츠만의 방향을 잃은 방황은 어머니의 죽음과 함께 시작됐다. 그에게 가족은 항상 중요했다. 빈에서의 학창 시절, 그는 천재 학생이었을 뿐만 아니라 어머니와 누이를 돌보는 조숙한 아이였다. 하지만 일생토록 연구 때문에 가족으로부터 멀어져 있었다. 먼저는 누이와 어머니로부터, 나중에는 다시 미세하고 복잡한 원자 통계학 세계에 빠져서 아내와 자식들로부터 멀어져 있었다. 물론 가끔은 더 세심하고 복잡한 대학 정치가 원인이 되었다.

세월이 흘러갔다. 볼츠만은 확실한 숫자와 뚜렷한 무게와 측정값에 더 친숙한 물리학자에게는 어울리지 않게, 다공질성을 기반으로 하는 철학을 깊이 파고들기 시작했다. 아마도 자신의 사상에 대한 공격 때문에 그는 지치기 시작했을 것이다. 볼츠만의 사상이 얼마나 깊은지는 그토록 깊고 복잡한 비판을 그렇게 오랫동안 끌어왔다는 사실에서도 알 수 있다.

1906년까지 시간은 빠르게 흘러갔다. 이삼 년 후면 프랑스의 화학자 장 페랭Jean Perrin이 최종적으로 볼츠만의 신비한 통계학을 모든 세상이 자신의 눈으로 바라볼 수 있도록 밝혀주는 자료를 수집하기 시작할 것이었다.

그러나 볼츠만은 그것을 알 리 없었다. 이탈리아로 떠난 가족 휴가 때, 아내와 딸이 수영을 하러 나간 한두 시간 동안 그는 호텔 방에 홀로 있었다. 그 시간에 그는 결정을 했던 것 같다.

가족이 돌아왔을 때 아내와 딸은 목제 창틀에 목을 맨 볼츠만을 보았다. 그를 끌어내렸지만 그는 이미 죽어 있었다.

인기 없는 복권

볼츠만이 우연의 변덕스러움을 인정한 것은 많은 사람들에게는 받아들이기 어려운 일이었다. 통계적 운동론의 복권은 인기가 없었다.

한 세기 이상 동안의 세심한 실험에 근거를 둔 견실한 기준에 따르는 열역학 법칙은 사람들이 믿을 만한 것이었다. 제1 법칙에 의하면, 에너지는 보존된다. 제2 법칙에 의하면, 엔트로피는 항상 증가한다. 이것들은 법칙으로서 항상 작용하고 있었다. 무엇보다도 그것들은 통계학의 의문의 대상이 아니었다. 열역학에는 결코 복권이 존재할 수 없었다. 모든 것이 법칙을 따라야 했다.

볼츠만과 맥스웰은 물질과 에너지가 작동하는 방법에 대한 건전하고 믿을 만한 규칙들의 중심에 우연과 마구잡이를 놓아두었다. 맥스웰과 볼츠만의 계산이 올바른 답을 줄지라도 당연히 많은 사람들은 그런 생각을 주저했다.

가장 중요한 것은, 통계적 운동론은 모두가 돌진을 하고 서로 충돌을 하는 많은 작은 입자의 집합인 물질에 기반을 두고 있다는 점이다. 또 아무도 이런 유명한 분자나 원자를 하나라도 결코 본 적이 없었다.

원자의 증명은 어디에서 이루어질까? 통계적 복권이 요구하는, 이런 눈에 보이지 않는 날아다니는 것이 실제로 존재한다는 것을 어떻게 알 수 있을까? 우리는 사람들에게 진지하게 받아들이라고 하기 전에 이런 것들이 실제로 존재한다는 것을 증명할 필요가 있다.

가장 확신에 찬 원자론자도 그런 증명을 하기가 쉽지 않다는 것을 인정해야만 한다. 운동론의 중심에 있는 원자를 실제로 보는 것은 불가능에 가까울 것이다. 로슈미트와 다른 사람들의 최선의 추정에 의하더라도 이런 원자들은 알려진 모든 방법으로 볼 수 있는 것보다 훨씬 더 작은 것으로 존재한다. 게다가 그것들은 매우 빠르게 움직인다. 충돌하고 전혀 예측할 수 없는 방향으로 쌩하고 움직인다. 운동론 기체는 미세 운동으로 이루어진, 전대 미답의 소란스러운 혼돈이었다.

의심론자들은 당신이 결코 그것을 증명하지 못할 것이라고 말한다. 이런 환상적인 입자들을 결코 볼 수 없을 것이라고 말한다. 볼 수 없는 원자가 무슨 소용이며 시험할 수 없는 이론이 무슨 소용 있을까? 이는 마치 맥스웰과 볼츠만의 통계 세계를 직접 본 사람이 없다는 것처럼 들렸다.

하지만 의심론자들이 틀렸다. 그 이유는 원래 뉴턴주의자들이 만든 커다란 도약과 같은 경솔함 때문이었다. 뉴턴주의자들은 도약의 사이에는 전혀 흥미로운 것이 없는 것처럼 행성에서 원자로 바로 뛰어올랐다. 뉴턴 이래로 대부분의 과학자는 크기는 문제가 되지 않는다고 가정했다. 그들은 행성에서 원자로 뛰어오를 때 그 사이에 숨겨진 중간세계가 있을지도 모른다는 것을 잊었거나 절대 생각하지 않았다.

그런 중간세계가 있었다. 비록 물리학자가 아닌 식물학자에 의해서였지만 그것은 맥스웰과 볼츠만보다 이미 30여 년이 앞선 시기에 우연히 발견되었다. 식물학자는 자신이 본 것의 의미를 깨닫지는 못했다.

마침내 19세기가 가고 20세기가 시작되면서 중간세계가 그 비밀 몇 가지를 드러낼 시기가 되었다. 시간이 흐름에 따라 원자는 실체가 되었다.

06

상상과 철학, 시간과 실체

19세기 말이 되었다.

19세기 유명한 문학가의 해석처럼, 과학에서 19세기는 가장 좋은 시기였으며 동시에 가장 나쁜 시기였다.

우리 주위의 우주와 그 일부인 우리 자신을 인식하는 방법이 지난 100년 동안 돌이킬 수 없이 변했다. 자연적 과정과 기술적 과정 들이 열역학 법칙이 지시한 용어로 전적으로 재해석되었다. 즉 우리는 에너지와 엔트로피의 우주에 있으며 거기에서 열, 일, 온도는 인류가 지금까지 보아온 것 중에서 실체에 대한 가장 보편적인 이론으로 그 양들을 조절하고 있었다.

1세기 전에 뉴턴의 중력 이론이 그랬던 것처럼 똑같은 수학적 우아함과 구조를 갖고서 전기력과 자기력이 맥스웰에 의해서 통합되었다.

러시아의 드미트리 멘델레예프Dmitri Mendeleev의 원소 주기율표를 모든 물질의 화학적 행동의 기반이 되는 위대한 질서 원리로 삼아서, 화학은 불가사의한 신비에서 깊고 아름다운 물질과학으로 전환되었다.

더욱이 이런 모든 이론과 개념 들이 잘 작동했다. 이것은 문화적 외관의 변화가 아니라 굳건한 실험적 증거의 산물이었다. 인류는 전에는 결코 알지 못했던 방법으로 실체에 접촉할 수 있게 되었다.

물론 오늘날에도 위대한 과학 사상으로 보이는 것이 많이 있다. 찰스 다윈Charles Darwin의 진화론도 그중 하나다.• 이 개념은 우리의 우주에 관한 물리 지식에 전반적으로 더해졌다. 진화론은 우리 자신의 위치를 설명하려고 했다.

동시에 과학은 약해지고 있었다. 불확실성이 빈번해지자 그 기초가 부식되어 약해졌다. 19세기는 피에르 시몽 드 라플라스Pierre-Simon de Laplace의 빛나는 확실성과 뉴턴 역학의 포괄적인 보편성으로 동이 텄다. 반대로 19세기 말은 과학과 기술의 점증하는 위기, 정치·철학·예술(실제로는 차이가 있지만 거의 모든 것)의 위기가 특징이었다.

산업혁명은 더는 혁명이 아니었다. 그것은 생활의 방법이었으며, 오늘날의 세계화된 경제에서 많은 사람이 느끼는 것처럼 때때로 분명히 불쾌한 것이었다. 과학은 분명 위대한 일을 했지만 동시에 의문스러운 일도 했다. 수 세기가 된 옛 사회가 없어지고, 거대하고 불결한 도시들 그리고 고통과 빈곤과 질병의 악몽이 아무렇게나 빠르게 번창하고 있었다. 수천 년 동안 지속된 지상에 얽매인 문화는 몇십 년 동안에 저항할 수 없는 사회적 변화에 녹아서 사라졌다. 지속적

• 심지어 볼츠만 같은 물리학자도 진정으로 다윈의 이론을 19세기의 가장 의미 있는 업적으로 생각했다. 엔트로피와 마찬가지로 진화도 기본적으로 정적인 실제 모습보다는 변화와 관련되어 있다.

으로 증가하는 인구, 무자비한 제국들, 발달하는 물질주의와 옛 신들에 대한 믿음의 쇠퇴가 그런 변화다. 유럽에서 영국, 프랑스, 독일, 러시아와 같은 열강은 효율적인 파괴 무기는 물론 엄청난 기계로 동력을 얻어서 정치적·경제적·제국적 충돌을 계속해 나갔다.

어떤 시사해설자가 앞으로 다가올 재앙을 보고 과학에 그 책임을 돌린다 해도 놀랄 만한 일도 아니었다.

철학적 어려움

19세기 말Fin de siéle. 실제로 세기말은 모든 인류에게 상상할 수 없는 진보를 약속했다. 그러나 많은 것은 기대했던 것보다 훨씬 더 어렵다는 것이 밝혀졌다. 많은 논쟁이 있었던 과학과 물질관은 이 세계의 문제를 해결하기에는 불충분하다는 것이 드러나고 있었다. 인류는 유물론의 경로에서 너무 멀리 벗어나 있었다.

과학자들은 스스로 어떻게 생각했을까? 1870년에 케임브리지 대학에서 열린 새로운 캐번디시 연구소의 개소식 연설에서, 위대한 맥스웰조차도 1800년대 초반의 교만에 대해 비난했다. 맥스웰은 과학자들 각자가 자신의 우주 모형에 대해 가지고 있는 모든 확신은 실체의 본질에 대한 결말을 얘기하고 있지 못한 것으로 보인다고 지적했다. 맥스웰은 항상 자신의 한없는 호기심에 따라서 자연의 복잡성에 대한 건전한 존경심을 보여주었다. 그는 아직도 가야 할 길이 멀며, 틀렸다고 밝혀질 것들이 많이 남아 있다는 것을 매우 잘 알고 있었다.

그렇다고 하더라도 그는 여전히 과학이 옳은 궤도에 있다고 믿었다. 그것은 옳은 지식 체계로 된 옳은 방법을 이용하고 있었다. 하지만 불행하게도 그런 낙관적 견해에 동의하지 않는, 영향력 있는 사상가들이 19세기 후반까지도 많았다.

그들은 과학이 막다른 길에 도달했다고 말했다. 과학적 방법은 그것이 인류의 모든 문제들을 해결하겠다는 약속을 모두 지켜서가 아니라, 오히려 그 한계에 도달했기 때문에 전혀 갈 곳이 없다는 것이었다. 그리고 그 한계는 기대에 훨씬 못 미쳤다. 과학은 사람들을 억눌렀다. 세계는 아직도 문제들로 가득 차 있었다. 어떤 사람은 그전보다 더하다고 느꼈다. 그리고 과학은 오도 가도 못하고 있었다.

자연스럽게 일부 철학자들은 합리적인 과학적 탐구가 아니더라도 실체의 본질을 증명할 다른 방법들이 있을 것이라고 제안하기 시작했다. 예를 들면 프랑스의 앙리 베르그송Henri Bergson은 지성보다는 일종의 직관을 이용해 세계를 파악할 수 있다고 제안했다. 베르그송은 한 가지 일반적 이론을 통해서 전체 범주의 현상을 이해하는 과학기술을 부정했다. 베르그송에게 있어서 현상은 특별한 관찰에서 생기는 점증하는 정확성과 사물의 특이한 본질을 점점 깊게 꿰뚫어 보는 통찰력으로 하나씩 알아야 하는 것이었다. 일부 '반反과학' 태도와는 달리, 이것은 세계에 대하여 아는 것이 인간의 중요한 활동이라는 것을 부정하는 무지에 대한 근거는 아니었다. 오히려 그것은 실험적 연구가 실패하는 영역에서는, 알아내고 발견하고 이해하는 또 다른 방법이 있어야 한다는 것을 주장했다.

많은 철학자들이 부딪친 문제는 대부분의 과학에 적절한 '시간' 개념이 부족하다는 것이었다. 모든 것이 전혀 앞으로 나아가지 못하고 그 자리에 머무르고 있었다. 힘의 역학 이론은 세계를 정적인 모양으로 보았으며, 마치 징검다리 위를 오가는 것과 같이 단지 한 가지를 다른 것으로 변환시키는 것이었다. 상황들의 순서에 의해서 어떤 '의미'가 발전되고 있다는 것을 전혀 깨닫지 못했다. 아무것도 발전하지 못했으며 시간은 기본적 역할이 전혀 없었다. 모든 것이 그 자리에서 정체되어 있었다. 과학적 우주는 시간과 발전 과정이 전혀 없는 우주로 보였다.

시간과 관련된 세기말 철학은 베르그송의 충실한 추종자 중 한 사람인 마르셀 프루스트Marcel Proust가 쓴 장대한 소설 속 위대한 표현들에서 찾아볼 수 있을 것이다.• 전권 3,000페이지가 넘는 프루스트의 《잃어버린 시간을 찾아서》는 제목에서 예상할 수 있듯이 전체 내용이 시간에 관한 것이다. 이름을 밝히지 않은 화자는 베르그송식의 '점점 깊이 뚫어 보는 통찰력'으로 자신이 한 모든 경험의 의미를 통찰하면서 자신의 과거로 깊이 파고든다.•• 프루스트는 시간에 의해서 불가분으로 망가뜨려진 것처럼 보이는 삶의 실체에 도달하려고 시도한다. 최소한 베르그송식의 철학에 따르면, 과학은 실체에 접근할 방법을 전혀 제공해줄 수 없다.

따라서 전 세기의 성공에도 불구하고 과학은 곤란을 겪고 있었다. 좋아하든지 그렇지 않든지 과학자들은 항상 정치적 환경에서 연구를 해왔다. 그때든 지금이든 사회가 과학에서 멀어지면, 과학자들은 곧 생각을 알리고, 연구 자금을 구하고, 자신을 따를 새로운 세대를

• 프루스트는 외부 세계로부터 방해를 받지 않기 위해서 파리에 있는 자신의 아파트에 방음 코르크 벽을 쌓았다.

•• 《잃어버린 시간을 찾아서》 1권의 출판을 거절한 한 출판업자는 글에 대한 어리둥절함을 이렇게 표현했다. "작가는 인물이 아무것도 하지 않으면서 단지 잠들려고 침대에서 뒹굴거리는 데 소설의 초반부 30페이지 정도를 소모하고 있다."

모으고 교육하기가 어려워진다는 것을 알게 된다. 베르그송과 다른 사람들의 공격을 받는 상황에서 과학은 연약해 보였다.

그리고 철학 이외에도 문제가 더 있었다. 과학의 실제 문제는 과학 내부에 있었다. 그것은 아직도 보이지 않는 원자였다. 그것은 과학자들이 아직도 긁을 수 없는 가려움증과도 같은 것이었다. 원자가 실제로 있을까? 아니면 단지 수학적으로 편리한 발명품일까?

다행스럽게도 19세기가 끝날 무렵에 몇몇 과학자들이 1827년 이래로 해결되지 못한 의문으로 되돌아가고 있었다. 중간세계와 브라운 운동이 다시 등장하여 원자로 가는 길을 밝혀줄 때가 된 것이다.

브라운으로 돌아감

많은 과학자들은 19세기 중반 내내 브라운 운동을 설명하기보다는 단지 그것이 사람을 현혹시키려는 것임을 증명하는 데 열중했다. 보고서들은 그 운동이 단지 진동이나 온도 변화 효과에 불과하다고 주장했다. 볼츠만의 통계학과 기체 운동론의 배경에 대항하여, 마침내 일부에서는 다시 브라운의 마구잡이 춤추는 꽃가루로 돌아와 적절한 설명을 찾기 시작했다.

브라운 운동의 중요성을 일찍 인식한 과학자는 프랑스의 물리학자이자 화학자인 루이 조르주 과이Louis Georges Gouy•였다. 과이는 1854년에 프랑스의 아르데슈 지역에서 태어났으며, 파리와 리옹에서 연구를 했다. 화학자들은 그가, 용액 속 작은 입자들이 서로 힘을 나타내는 방법과 소위 '임계점'에서 액체와 기체를 구별할 수 없게 되는 방

• 'Gwie'와 비슷하게 발음된다. 보통 '루이 조르주'보다는 '레옹(Leon)'으로 알려져 있다.

법과 같은 물질에 대한 연구를 할 때 자신의 트레이드마크처럼 특별히 신중하게 실험을 했던 것으로 기억한다. 다행스럽게도 과이는 브라운 운동이 물질의 본질에 대해 매우 특별한 교훈을 가지고 있지 않을까 생각하면서 그것에도 관심을 뒀다.

먼저 과이는 자신을 포함한 모든 사람들을 만족시키기 위해 브라운 운동이 실제 현상인지를 증명해야 했다. 그는 당연히 반세기 전으로 돌아가서 브라운의 실험을 반복하는 것으로 시작했다. 예를 들면 브라운 운동이 진동과 같은 어떤 외부 효과 때문에 발생하는 것이 아님을 확인했다. 과이는 실험을 위해 도시의 시끄러운 마차소음을 피해서 시골로 들어가는 수고까지 감수했다.

1888년에 과이는 자신의 실험 결과를 발표했고, 브라운 운동을 액체의 세계에서 확인된 현상들의 목록에 다시 올려놓았다. 1827년 여름에 있었던 춤추는 꽃가루에 대한 브라운의 관찰 이래로 50년 동안 실험가들이 실제적인 진전을 이루지 못한 것은 실망스러워 보일 수 있다. 그러나 과학이 따르는 길은 직선인 경우가 드물다. 어쨌든 맥스웰, 볼츠만, 카르노, 톰슨, 클라우지우스 이전에 브라운 운동에 대한 의미 있는 논쟁은 불가능했다.

과이는 마침내 자신의 실험에 근거하여 실제 모순이 마구잡이, 즉 브라운의 멈추지 않는 꽃가루 춤 뒤에 숨어 있다는 것을 깨달았다. 그 모순은 과이가 1895년 〈과학평론*Revue de Sciences*〉에 발표한 것처럼 다음과 같은 것이었다.

'브라운 운동은 열역학 제2 법칙을 위반하는 것으로 보였다. 그것은 깨뜨릴 수 없는 것을 깨뜨렸다.'

영구 운동—브라운 유형

과이의 주장은 이렇다. 꽃가루 입자의 마구잡이 운동이 충돌하는 꽃가루 주위의 액체 원자들 때문이라면 이것은 꽃가루 입자들을 주위로 운동시키는 데 사용된 열에너지에 해당한다. 에너지에 의한 물체의 운동은 일이 된다. 따라서 브라운 운동에서 열은 일로 바뀌고 있었다.

그러나 열역학 제2 법칙에 의하면, 모든 과정에서 열의 일부만이 일로 전환될 수 있다. 일부 에너지는 항상 손실될 것이다. 이것이 윌리엄 톰슨의 '우주의 열적 죽음' 뒤에 숨어 있는 원리다. 이제 브라운 운동에서 이용할 수 있는 에너지 중에서 일부가 항상 손실된다면, 액체 원자가 꽃가루 입자를 밀 때마다 이런 방식이 계속될 것이고 결국 모든 에너지가 다 소모되거나 손실될 것이다.

다시 말해서 열역학 제2 법칙에 따르면 꽃가루의 마구잡이 춤은 결국 멈춰야 한다.

그러나 브라운과 과이가 보여준 것처럼 그런 일은 일어나지 않는다. 브라운은 몇 세기가 된 시료를 검토했다. 그것들은 여전히 춤을 추고 있었다.

더욱이 과이가 제안한 대로 브라운 운동은 오랫동안 원하던 기적, 즉 연금술사의 오랜 꿈인 영구 운동 기계가 가능하다는 것을 내포하고 있는 것으로 보였다. 여기서, 한쪽 끝은 모터의 구동축에, 다른 끝은 바람개비에 연결된 작은 줄을 생각해보자. 그리고 브라운 입자들이 떠 있는 액체에 바람개비를 넣어보자. 영구적으로 춤추는 입자들은 바람개비에 부딪혀서 바람개비를 회전시키고 줄을 뒤틀고 모터를 구동시킬 것이다. 브라운 운동은 절대 멈추지 않기 때문에 모터는 영구적으로 회전할 것이다.

과이는 이런 분명한 난문에 전혀 답을 할 수 없었다. 그는 작은 크기의 브라운 운동에서는 열역학 제2 법칙이 지켜지지 않을 수도 있다고 제안했다. 결국 그 법칙은 많은 양의 기체를 가지고 한 실험이나 실제로 매우 많은 수의 '원자'에 대한 이론적 통계에 기반을 둔 것이었다. 만약 미세한 중간 크기에서 물질과 에너지가 같은 법칙을 따르지 않는다면 어떻게 될까?

이론가를 찾아서

과이의 예리한 비평에 의하면, 브라운 운동은 실험 과학자들이 물질과 에너지 사이, 즉 역학과 열역학 사이에 있는 모순의 중심으로 가는 길을 나타냈다. 브라운은 꽃가루 입자, 광물 알갱이, 런던의 검댕, 스핑크스에서 나온 티끌을 오랫동안 열심히 관찰했다. 과이는 같은 근거로 되돌아가서 브라운 운동이 중간세계 물질의 근본이라는 것을 확신했다. 이제 실험가들에게 이런 의문이 남았다. 더 알고자 무엇을 측정해야 하는가?

과이 이후 필요한 것은 간단히 말해서 측정해야 할 수와 실험을 예측해줄 수학이었다. 브라운의 춤추는 꽃가루에 대한 이론은 시험이 가능해야 했다.

이론이 필요하다면 이론가가 필요한 법이다.

1900년경의 스위스 베른으로 여행을 떠나 이론가를 찾아보자. 그곳에서 한 젊은 특허국 직원을 추적할 수 있을 것이다. 별로 유명하지 않은 이 젊은이는 결코 아무것도 될 수 없을 것이라는 선생님들의 믿음에도 불구하고 어떤 커다란 꿈을 꾸고 있었다. 그는 이후 몇 년 동안 실체의 본질에 대해 심각하게 생각했다. 그는 세계를 변화시킬, 그것도 한 번이 아니라 세 번이나 변화시킬 젊은이였다.

알베르트 아인슈타인. 그는 혼자 힘으로 중간세계의 비밀을 발견할 준비를 하고 있었다.

07

브라운 세계의 이론

1905년 한 해 동안 우리의 우주관을 영원히 바꾸어놓을 세 가지 연구가 발표되었다. 눈에 띄지 않는 젊은 특허국 직원인 알베르트 아인슈타인Albert Einstein이라는 한 사람이 그 모두를 이루어냈다.

혁신적 이론 ①: 특수상대성

빛은 우리가 우주에서 진실로 의지할 수 있는 유일한 것이며, 절대적으로 일정한 속도로 움직이는 유일한 것이다. 그런 엄격한 빛을 수용하기 위해서 결과적으로 공간과 시간은 자발적으로 적응성이 있고 구부릴 수 있고 섞일 수 있고 타협할 수 있는 성질이 된다.

혁신적 이론 ②: 빛의 광자

광에너지는 물질과 작용하면 마치 눈에 보이지 않는 작은 덩어리나 입자('광자'라고 한다.)처럼 행동한다. 독일의 물리학자 막스 플랑크 Max Planck가 수학적 편의를 위하여 일정한, 즉 '양자화된' 에너지를 도입한 것에 잇따라서 아인슈타인은 이 논문으로 아원자 물질의 양자 이론에 시동을 걸었다.

혁신적 이론 ③: 브라운 운동

아인슈타인이 1905년에 이루어낸 이론적 혁신 세 가지는 대중적 인식 면에서 각각 다르게 퍼져 나갔다. 거의 모든 사람이 혁신적 이론 ①(특수상대성)에 대해 들었고, 혁신적 이론 ②(양자역학과 광자)에 대해서는 아주 많은 사람이 무언가를 알고 있지만, 혁신적 이론 ③에 대해서는 아는 사람이 별로 없다.

과학의 입장에서 말하자면, 이것은 불공평한 대접이다. '내가 좋아하는 아인슈타인이 당신의 아인슈타인보다 더 좋다.'라는 식의 소용없는 논쟁에 빠지지 않고, 오늘날 아인슈타인의 브라운 운동 연구가 최소한 그의 상대성 이론이나 양자역학 논문들만큼이나 중요하다는 것이 밝혀졌다고만 해도 충분하다. 아인슈타인의 '기적의 해' 이후로 브라운 운동의 이론을 다루는 그의 논문들은 다른 연구자들의 연구에서 가장 많이 인용되었다.

그렇다면 왜 아인슈타인은 브라운 운동이 아니라 상대성으로 더 유명할까? 아마도 아인슈타인의 브라운 운동 이론이 나타내는 혁신의 중요성이 분명해지려면 시간이 좀 더 많이 필요했기 때문일 것이다. 그것은 우주 크기의 혁신이 아니며, 아원자 입자 크기의 혁신도 아니다. 그것은 중간세계의 혁신이다.

1827년에 브라운이 한 관찰이 중간세계를 들여다본 최초의 주의 깊은 체계적 실험이었던 것처럼, 아인슈타인의 업적은 중간세계에 관한 최초의 이론이었다.

보이는 분자들

아인슈타인은 한없는 호기심을 지닌 젊은이에게는 행운인 시대에 태어났다. 그는 본질을 완전히 재검토할 때가 무르익은 세계에서 성장했다. 1905년이 될 때까지 아인슈타인은 여가 시간에 실체에서 무엇이 잘못되었는가를 해결하려는 연구를 수행했다.

그가 알던 것처럼 과학적 이론이 작동하려면 빛, 중력, 물질, 이 세 가지의 기본적인 것이 필요했다. 빛과 중력은 물질과 상호작용하는 방법으로 정의되었다. 그것들은 힘이었으며• 물질이 할 수 있는 것을 조종했다. 특수상대성과 광자에 대한 아이디어를 가지고 아인슈타인은 빛을 생각하는 새로운 방법을 발견했다. 물론 중력은 기다려야 했다.•• 물질이 남아 있었다. 아인슈타인은 브라운 운동 이론을 가지고 물질의 본질을 증명하는 방법을 보여주었다.

브라운 운동에 대한 아인슈타인의 분석의 중심에는 통계학이 있었다. 실제로 아인슈타인은 볼츠만의 통계학 연구 중 많은 부분을 재창조했다. 그것이 바로 아인슈타인이 한 일이다. 자신만의 것을 가지기 위해서 그는 왜 다른 사람의 아이디어를 이용했을까? 통계학은 1905년의 도약에 이르는 아인슈타인의 모든 생각의 기본 연결 고리

• 맥스웰의 전자기 이론에서 설명한 대로, 빛은 전자기력의 일부이며 한 조각이다.

•• 1905년 이후 10년 동안 아인슈타인은 과감한 일반상대성 이론을 만들었다. 이것은 더 완전한 빛, 공간, 시간의 이론으로서, 중력이 이 세 가지를 한꺼번에 결합하는 방법을 포함했다.

였다. 광자 이론도 빛과 물질의 상호작용을 해석하고자 통계학에 의존했다.

아인슈타인의 브라운 운동에 대한 통찰력은 이렇다. '물질의 통계학적 원자론을 실제로 증명하려는 것이 직접 통계학을 관찰하는 방법이다.' 비록 옳은 답을 주더라도 계산만으로는 충분하지 않았다. 그런 답은 끈질긴 철학자들을 만족시키지 못했는데, 그들은 얼마나 많은 종류의 계산 방법이 같은 대답을 내놓을 수 있는지 알고 있었기 때문이다. 당신에게 필요한 것은 수가 실제로 만들어지는 방법을 보는 것이었다.

그래서 아인슈타인은 빠르게 움직여서 눈에 보이지 않는 원자와 분자의 통계학을 현미경 아래에서 눈에 보이는 세계, 즉 중간세계로 끌어올릴 방법을 찾아냈다.

우리는 아인슈타인이 과이Gouy의 논문을 1905년 이전에 읽었는지 알 수 없다. 심지어 브라운의 논문을 읽었는지도 알 수 없다.• 그는 구체적인 수학을 추가하여 과이의 아이디어를 넘어섰다. 수식은 실험으로 시험할 수 있는 값을 예측할 수 있게 해주었다.

그러나 아인슈타인이 질문했던 것처럼, 우리는 액체에서 분자의 운동을 나타낼 수 있을까? 액체는 너무나 혼잡스러워서 어떤 분자도 직선으로 운동할 수 없다. 그것은 계속해서 이웃들과 충돌하고 다른 방향들로 되튈 것이다. 따라서 아인슈타인이 그랬던 것처럼, 분

• 몇몇 사람은 아인슈타인이 첫 논문을 발표했을 때 그가 심지어 '브라운 운동' 같은 현상이 있었는지조차 알지 못했다고 주장한다. 그들은 그의 예측이 단지 수학에서 직접적으로 나온 것이라고 말한다. 아인슈타인의 자취, 즉 그의 아이디어의 근본을 따라잡기는 매우 어렵다. 그는 자신의 논문에 다른 사람들의 것을 인용하는 데 인색했다. 하지만 편지들을 보면, 그가 비록 1905년 이전에 많은 문헌을 읽지는 않았지만 브라운 운동에 대하여 무언가를 알고 있었다는 것을 알 수 있다.

자의 경로가 마구잡이로 변하는 양이라고 가정해보자. 충분한 시간 간격 동안에 분자는 너무나 많은 충돌을 겪어서 어떤 시간 간격의 시작부터 다음 시작까지 분자의 속도와 방향은 '마구잡이'가 될 것이다.

어떤 한순간에 분자의 속도와 방향이 주어지더라도 너무나 많은 충돌의 마구잡이 효과가 있기 때문에, 그 분자가 다음 순간에 어느 쪽으로 갈지 결정하려면 차라리 주사위를 굴려보는 것이 나을 것이다. 분자는 마구잡이 효과에 의해서 추진되는 이리저리 뛰는 '마구 걷기random walk'를 할 것이다.

아인슈타인은 이 분자의 마구 걷기 운동을 수학적으로 구성했다.• 그리고 더 진행했다.

아인슈타인이 제안한 대로 액체 분자보다 훨씬 더 큰, 커다란 입자를 하나 생각해보자. 그것을 액체 속에 넣으면 액체 분자들이 마구잡이로 움직이는 바다에 잠겨 있는 것과 같을 것이다. 큰 입자는 어떻게 움직일까?

아인슈타인은 그 입자의 운동이 에너지에 달렸다고 지적했다. 그는 클라우지우스로 거슬러 올라가는 운동론으로부터, 물체의 평균 에너지는 그 온도에 의해서 주어진다는 것을 알고 있었다. 온도를 알면 에너지를 알 수 있다. 에너지를 알면 운동을 나타낼 수 있다.

그렇다면 입자의 온도는 얼마일까? 아인슈타인은 그것이 액체의 모든 분자들과 같아야 한다는 것을 깨달았다. 그렇지 않으면 입자는

• 실제로 그는 이미 이 수학을 1905년 이전에 단일 분자에 대하여 수행했다. 그리고 1906년 초에 발행된 자신의 박사학위논문에 그것을 기술해 놓았다.

온도가 같아질 때까지 에너지(주로 열)를 얻거나 잃을 것이다.

큰 입자가 액체와 온도가 같다면 평균 에너지는 모든 분자의 평균 에너지와 같아야 한다.

그러므로 이것은 큰 입자가 분자처럼 행동한다는 것을 내포한다. 그것은 분자처럼 행동하여 마구잡이로 뛰면서 계속 충돌하는 액체 분자들의 바다 주위를 헤치며 나아갈 것이다. '보이지 않는 분자의 바다에 잠긴 큰 입자는, 분자 자체와 정확하게 같은 행동을 할 것이다!' 그 커다란 '분자'는 현미경으로 볼 수 있다.

그것은 눈에 보이는 분자의 실체였다.

아인슈타인의 이론은 액체가 눈에 보이지 않는 분자의 바다로 구성되었다면 그것에 잠겨 있는 눈에 보이는 커다란 입자는 마구 걷기(브라운 운동)를 해야만 한다는 것을 보여주었다. 그 주장을 뒤돌아보면 물질의 원자적 본질에 대한 실험적 증거를 가지게 된다. 브라운 운동의 관찰은 액체 물질이 실제로 수십억 개의 작은 입자로 만들어졌다는 것을 내포했다. 눈에 보이지 않는 원자에 대한 직접적 증거가 절대 발견되지 않을 것이라고 말했던 볼츠만의 비방자들은 틀렸다. 중간세계 꽃가루의 춤인 브라운 운동이 바로 그 증거였다.

그것은 고전적인 아인슈타인의 '사고思考실험'이었다. 그 실험은 우리가 물질이 무엇으로 만들어졌는지를 어떻게 발견할 것인가 하는 의문의 근본으로 바로 나아갔다. 아인슈타인은 항상 실험가보다는 이론 물리학자로서 존경을 받았다. 그는 많은 실험은 하지 않았지만, 사물을 관찰하고 측정할 수 있는 실험 세계에서 많은 사고를 했다.

그러나 아인슈타인이 단독으로 명성을 얻어서는 안 될 것이다. 그가 브라운 운동의 이론을 찾아낸 유일한 사람은 아니었다.

2005년 3월, 네덜란드 레이던의 한적한 곳에 위치한 회의장에 몇 명의 과학자들이 아인슈타인의 브라운 운동 이론 100주년을 기념하고자 모였다. 그리고 1827년 여름에 브라운이 했던 우연한 관찰에서 생긴 최근의 결과들을 토의했다. 생물계의 브라운 운동에 관한 업적으로 유명한 독일의 물리학자 페터 한기Peter Hanggi가 일어나서 말했다. "이 회의는 '아인슈타인 이후의 브라운 운동'에 관한 회의이지만, 아마도 '서덜랜드 이후의 브라운 운동'으로 부르는 것이 더 좋을 것입니다."라고 그는 단호한 어조로 시작했다.

회의장에는 브라운 운동에 관한 전 세계적 권위자들이 모여 있었지만, 아마도 윌리엄 서덜랜드 박사에 대해 들어본 사람은 없었을 것이다.

아인슈타인의 오랜 그늘에 가려서: 서덜랜드와 스몰루코프스키

1862년에 글래스고에 살던 서덜랜드 가족은 배를 타고 클라이드 강을 따라 내려가 스코틀랜드를 영원히 떠났다. 그들은 오스트레일리아로 향했다. 가장 어린 윌리엄 서덜랜드William Sutherland는 당시 3살이었다. 가족은 멜버른에 정착했다. 그리고 번성했다. 자녀인 조지, 알렉산더, 제인, 윌리엄은 교육을 잘 받았다. 1879년에 윌리엄 서덜랜드는 멜버른 대학의 자연과학부를 우등으로 졸업했다. 그는 장학금을 받아서 지구 반대편에 있는 런던으로 가 UCL에서 학위를 얻은 후 1882년에 멜버른으로 돌아왔다. 그리고 국제적인 명성을 얻은 과학자가 되었다. 그는 30여 년 동안 약 78편의 논문을 중요한 학술지에 발표했다. 또한 〈멜버른 시대*Melbourne Age*〉라는 지역 신문의 과학기고가로도 활동했다(나중에 그의 형인 조지가 그곳의 편집장이 되었다). 오랫동안 대학에서 비공식적으로 강의를 한 후, 1888년에 서덜랜드는 공석이던 자연철학 교수직에 지원했다. 하지만 행정상의 실수 때문에 지원에 실패를 하고 그 자리를 영원히 얻을 수 없게 되었다. 그럼에도 그는 대학이 최종적으로 선택한 물리학자 라일T. R Lyle이 영국에서 도착하기 전까지 공석이 된 자리를 임시로 맡아주었다. 서덜랜드는 영원히 안정적이고 공식적인 직업을 갖지 못했다. 그는 닥치는 대로 생기는 강사 수입으로 가족의 수입을 보충하며 누이인 제인과 함께 멜버른 근교의 큐에 있는 집에서 검소하게 살았다.

1904년에 서덜랜드는 런던에서 발행되는 〈철학잡지*Philosophical Magazine*〉에 액체의 운동 역학에 대한 아인슈타인의 분석과 대부분 일치하는 논문을 발표했다. 그는 용액에서 분자가 확산하는 속도에 관해서 아인슈타인과 같은 식에 도달했다. 이 모든 것은 1905년에 아인슈타인이 독일의 〈물리학 연보*Annalen der Physik*〉에 발표하기 전에 일어났다.

그렇다면 왜 아인슈타인이 모든 명성을 차지해야 할까? 우선 한 가지 이유는 '아인슈타인의 경이의 해'라는 분명한 드라마가 있었다는 점이다. 그는 한 해에 세 가지의 커다란 혁신을 일으켰다. 그리고 다른 이유는 20세기의 첫 10년 동안 물리학은 독일어권의 대형 대학과 아인슈타인과 플랑크, 나중에 양자 이론의 선두 주자가 된 슈뢰딩거와 하이젠베르크 같은 위대한 과학자 들이 지배하고 있었다는 것이다. 서덜랜드도 알려져서 존경을 받기는 했다. 예를 들면 그는 1906년 볼츠만의 업적을 축하하는 회의에 초대를 받은 두 사람의 비

독일인 중 한 명이었다. 그가 크게 주목을 받지 못했던 것은 아마도 단지 오스트레일리아가 과학 중심으로부터 너무 멀리 있었기 때문일 것이다.

서덜랜드는 분명히 어느 정도 인정을 받을 만하다. 그러나 과학에서 '누가 무엇을 언제 했는가?'라는 게임은 악평이 자자할 정도로 어려운 것 중 하나다. 우리는 이미 그 게임이 클라우지우스의 운동론 개발에서, 중요한 순간에 어떻게 클라우지우스 자신을 혼란스럽게 했는지를 보았다. 결국 그는 핵심에서 벗어나고 말았다. 보통 사람들은 과학자들이 홀로 고독하게 연구한다고 낭만적으로 상상하지만, 과학자들은 좀처럼, 연금술사들이 현자의 돌에 대한 비밀을 철저하게 수호한 것처럼 자신들의 혁신적 이론들을 품은 채 지적 고립 상태에서 일하지 않는다. 예를 들면 많은 다른 연구자들도 특수상대성에 매우 가까이 접근했었으며, 심지어 아인슈타인도 완전히 단절된 상태에서 연구하지는 않았다.

서덜랜드의 사례는 20세기가 밝아오면서 브라운 운동의 시대가 왔다는 것을 보여준다. 과학의 조류는 맥스웰과 볼츠만의 통계학과 마구잡이에 대하여 실험적으로 측정할 만한 결과를 발견하는 쪽으로 분명히 움직였다. 편리한 수학적 도구를 실제 사물에 적용하여 중간세계의 중요성을 인식한 것은 아인슈타인 혼자만이 아니었다.

브라운 운동의 이론에 최초로 도달했다고 주장하는 아인슈타인의 경쟁자는 여기에서 끝나지 않았다. 서덜랜드처럼 숨어 있지는 않았지만 아인슈타인의 그늘에 있던 또 다른 과학자가 있었다. 그 사람은 폴란드의 물리학자 마리안 폰 스몰루코프스키Marian von Smoluchowski였다. 스몰루코프스키의 이름은 분열과 응집을 다루는 중요한 식에 남아 있다. 이 식은 오늘날에도 기초물리학에서부터 개체군 성장, 세제 같은 화학 제품 공정에 이르기까지 여러 분야에서 사용되고 있다.

1906년에 스몰루코프스키는 자신의 브라운 운동 이론을 발표했다. 그는 실제로 아인슈타인의 논문을 읽기 전에 그 이론을 완성했다. 스몰루코프스키는 아인슈타인보다 더 역학적인 관점에서 문제에 도전했지만 결국 같은 결과를 얻었다.• 더욱 중요한 것은 스몰루코프스키는 자신이 이해하려는 실험 상황을 분명하게 설명하는 데 아인슈타인보다 과감했다는 것이다. 그는 브라운 운동에 대해 알려진 사실들을 철저하게 검토했으며 자신의 연구를 분명하게 그 상황에 맞추었다. 반대로 아인슈타인의 분석은 거의 간교하게 보인다. 그것을 읽고서 실제로 무엇에 도달했는지를 놓치기 쉽다. 예술과 문학에서처럼 각 과학자는 흔히 같은 문제에 대해 각각 전혀 다른 전망을 보이고 있다.

서덜랜드와 스몰루코프스키가 브라운 운동 이론에 대해 아인슈타인과 같은 권리를 주장한다 하더라도, 수학적으로 말하자면 어떤 다른 한 사람이 이 세 사람을 모두 이길 수도 있다. 그 수학자는 파리 증권시장을 연구하고 있었다.

부(富)의 마구 걷기

1900년에 프랑스의 루이 바슐리에Louis Bachelier는 파리 대학에 "추론

• 최소한 숫자로 된 인자를 제외하면 같다. 스몰루코프스키는 나중에 자신이 숫자에서 틀렸다는 것을 깨달았다.

의 이론"이라는 제목의 박사학위논문을 제출했다. 여기서 그는 중간세계의 춤추는 꽃가루와는 관련이 없어 보이는 문제를 분석했다. 그러나 이 역시 통계학과 마구잡이가 열쇠였다.

바슐리에는 파리 증권시장Bourse에서 일어나는 가격의 움직임에 흥미를 느꼈다. 주가의 등락은 전체 산업의 장래를 결정할 수 있었다. 그렇다면 시장의 변덕을 어떻게 예측할까? 그런 의문은 그전이나 그 후에도 많은 사람의 마음을 초조하게 만들었다. 바슐리에는 아마도 최초로 마구잡이 수의 통계학으로 전공을 바꾼 사람이었을 것이다.

바슐리에는 가격을, 때로는 올라가고 때로는 내려가는 수인 마구잡이 변수로 단순하게 다룰 것을 제안했다. 따라서 시장 전체는 변화하는 마구잡이 수들의 큰 집합으로 구성된다. 개별 가격이 어떻게 행동하는지 모르더라도 오르내리는 수들의 집합 통계를 계산하여 시장의 평균이나 전체적 행동을 여전히 예측할 수 있다.

수학적 연관은 분명하다. 아인슈타인은 중간세계 입자의 마구잡이 뜀을 설명했지만 바슐리에는 증권시장 가격의 마구잡이 운동을 설명했다. 양쪽 모두에서 이런 마구 걷기 통계의 계산으로부터 평균 행동을 예측할 수 있는 식이 나왔다. 그 평균 행동은 브라운 운동에서는 브라운 입자가 주어진 시간에 진행하는 전형적인 평균 경로가 되고, 바슐리에의 증권시장에서는 며칠이나 몇 주 동안에 걸친 가격의 전형적인 전체적 변화가 된다. 완전히 다른 실제적 적용에도 불구하고 두 현상은 같은 식으로 설명된다.

바슐리에의 식은 즉각적으로 부를 가져오는 처방전이 아니었다. 아인슈타인의 수학이 특정한 입자가 어디로 갈지 명확하게 말해줄 수 없는 것처럼 바슐리에의 이론은 어느 증권이 올라갈지 내려갈지 말해줄 수 없다. 대신에 그것은 다양하고 그럴듯한 결과들 중 어떤 가능성에 대해 말해준다. 증권시장은 여전히 카지노 게임이다. 바슐리에는 단지 좀 더 수량화할 수 있는 확률을 만든 것이었다.

바슐리에는 이 모든 것을 아인슈타인의 논문보다 5년이나 앞서서 1900년에 수행했다. 아인슈타인이 바슐리에의 업적을 알고 있었다는 증거는 전혀 없다. 애매한 프랑스 박사학위논문을 읽는 것은 물론 심지어 브라운 운동에 대해 들어본 적도 없었을 것이다. 실제로 바슐리에의 연구는 프랑스 수학자들 중에서도 이해하는 사람이 없어서 고생을 했다. 1920년대가 되어서 그는 그 당시 프랑스 수학의 확립자 중 한 사람인 폴 레비Paul Levy의 잘못된 비판 때문에 디종 대학의 교수직을 사임했다(레비는 나중에 자신의 잘못을 인정하고 바슐리에에게 사과했다).

바슐리에 자신은 증권시장 수학과 물질의 성질 사이의 관련성을 알고 있었을까? 아마도 그러했을 것이다. 1910년경에 그는 파리의 소르본 대학에서 강의를 하면서 자신의 금융 연구와 물리학 문제 사이의 유사성을 논의했다. 앞으로 볼 것처럼 그의 소르본 대학 동료인 장 페랭Jean Perrin은 거의 같은 시기에 춤추는 중간세계 입자들에 관한 결정적인 연구를 하고 있었다.

바슐리에 경제학의 마구 걷기 과학은 돈이 걸려 있다는 분명한 이유 때문에 폭넓은 주목을 받았다. 은행, 금융회사, 증권중개인 들을 위해 일하는 수학자와 이론 물리학자 들은 일반적으로 변동이 심한 돈의 흐름을 계산한다. 오늘날 이 금융의 브라운 모형은 물리학의 브라운 운동처럼 가격과 시장이 상호작용하는 복잡한 방법들과 부와 경제의 장기 진화 등을 이해하기 위해 매우 깊숙한 곳까지 침투해 있다. 그 중심에서도 역시 모든 것은 단순한 통찰력으로 통한다. 통계학과 마구잡이가 그것이 꽃가루든지 주가든지 복잡하게 운동하는 것들의 열쇠가 된다.

아인슈타인, 서덜랜드, 스몰루코프스키, 바슐리에……, 그리고 미래의 과학사학자들에 의해 발굴될지도 모를 모든 브라운 운동 이론의 선구자들은 브라운 운동에 적절한 수학, 열역학, 역학적 기반을 제공했다. 그리고 1908년에도 마찬가지로 또 한 명의 과학자가 중간세계에 의해서 만들어진 변화로 물질과학에 중요한 역할을 하려고 준비 중이었다. 프랑스의 폴 랑주뱅은 결정론의 관에 최후의 못을 박을 작정이었다. 그때는 규칙의 옛 세계로 돌아온 마구잡이를 공식적으로 환영하는 시기였다.

피카소 효과

보슈와 그의 중세의 혼돈을 나타내는 최후의 외침인 〈지상 쾌락의 동산〉을 다시 떠올려보자. 랑주뱅의 경우와 이상하게 비슷한 점이 있다. 현대 미술 혁명의 거장 파블로 피카소Pablo Picasso가 그린 폴 랑주뱅Paul Langevin의 스케치가 있다. 어떤 의미에서 피카소가 예술에 한 일은 랑주뱅이 과학에 한 일과 같다. 그는 혼돈을 불러들였다.

랑주뱅은 1872년에, 교육을 받는 것이 호사로 여겨지는 대대로 가난한 집안에서 태어났다. 그럼에도 랑주뱅은 스스로 노력하여 1890년대에는 파리에 있는 물리학화학공업학교에 들어가 피에르 퀴리

밑에서 연구를 했다. 1897년에는 케임브리지 대학의 캐번디시 연구소에서 미래의 원자 구조의 선구자인 젊은 러더퍼드와 함께 X선을 연구하고자 영국해협을 건넜다. 랑주뱅은 1905년에 파리로 돌아와서 피에르 퀴리의 교수직을 이어받았다. 이때 랑주뱅은 아직 알려지지 않은 아인슈타인과 매우 비슷한 사고 체계를 이미 따르고 있었다. 그는 곧 아인슈타인의 브라운 운동 분석을 재구성했으며, 물질과 에너지가 유명한 $E=mc^2$에 의해서 서로 본질적으로 연관되어 있다는 아인슈타인의 깨달음에 독립적으로 도달했다. 반유태주의와 반독일주의 감정이 끓고 있어서 아인슈타인의 생각을 받아들이기를 거부하던 프랑스에서, 랑주뱅은 아인슈타인의 중요한 지지자가 되었다.•

1908년에 랑주뱅은 프랑스 과학아카데미의 잡지에 짧은 논문을 발표했다. 이 논문에서 그는 브라운 운동의 중요성에 대한 통찰력이 예리한 과이의 비평은 물론 아인슈타인의 분석과 스몰루코프스키의 분석에 대해서도 언급했다. 랑주뱅은 브라운 운동을 나타내는 데 '완전히 다른 방법으로 훨씬 더 간단하게 유도할 수 있는' 제삼의 방법이 있다는 점을 지적했다. 그는 매우 간단하지만 물리학에서 가장 기본이 되는 식을 적었다. 그것은, 힘은 질량과 가속도의 곱과 같다는 $F=ma$였다. 여기서 m은 입자의 질량, F는 입자에 가해지는 힘의 합이고, a는 그 힘으로 생기는 입자의 가속도(속도가 빨라지거나 느려짐)를 나타낸다.

• 랑주뱅은 1898년에 유태인 군인인 드레퓌스 대위를 지지하는 소설가 에밀 졸라의 유명한 청원에 서명했다. 드레퓌스는 프랑스 정부 내부의 반유태주의 책략의 결과로 반역죄를 선고받아 부당하게 투옥되었다.

랑주뱅의 목표는 브라운 입자에 가해지는 힘(F)을 나타내서 그것이 움직이는 방법(a)에 도달하는 것이었다. 꽃가루나 다른 춤추는 중간세계 거주자 같은 브라운 입자에 가해지는 한 가지 힘은 주위 액체에 의한 마찰력으로 잘 알려져 있다. 수건으로 몸을 닦을 때 생기는 마찰이나 차가 달릴 때 차와 공기 사이에 생기는 마찰과 마찬가지로, 중간세계 입자가 물 사이를 춤추고 다니면 그것을 느리게 하려는 마찰력을 느끼게 된다. 중간세계 입자는 멈추지 않기 때문에 마찰력을 상쇄하는 다른 힘이 반드시 있어야 한다. 그것을 χ라 하면 그것이 입자를 밀어서 마찰에 대항하여 계속 운동하게 한다.

힘 χ는 당연히 액체 분자들이 가하는 끊임없는 충돌이다. 랑주뱅의 뛰어난 기량은 중간세계 입자의 마구잡이 충돌을 적절하게 나타내려면 χ가 마구잡이로 변하는 양으로 간단하게 나타나야 한다는 점을 깨달은 것이었다.

수학을 이용한 짧은 중간부에 이어서 랑주뱅은 이 아주 기본적인 물리학 식 $F=ma$로부터 아인슈타인이 발견한 입자의 '통계적' 운동에 대한 예측과 똑같은 예측에 도달했다.• 아인슈타인의 열역학과 통계학에 대한 약간 빙빙 둘러대는 주장에 비해서 랑주뱅의 아이디어는 훨씬 더 단순했다. 더욱이 중간세계의 식에 도달하고자 마구잡이 힘 χ를 $F=ma$에 직접 넣음으로써 그는 마구잡이와 뉴턴 역학의 기반을 명쾌하게 결합시켰다.

'랑주뱅 방정식'으로 알려진 이것은 실제로 대부분의 경우에 '중간

• 실제로 랑주뱅의 해법은 아인슈타인의 것보다 좀 더 우수하다. 그것은 더 짧은 시간 간격 동안에 작용하고 마구잡이 춤을 더 정확하게 나타낸다.

세계의 식'으로 쓰인다. 물리학자, 화학자, 생물학자 들에게 오늘날 중간세계를·소개하는 교과서들은 브라운 운동의 분석에 아인슈타인이나 스몰루코프스키의 수학보다 한결같이 랑주뱅의 수학을 이용한다. 1908년 당시 많은 학생들은 랑주뱅의 접근 방법이 과학에서 무엇을 의미하는지 알지 못했다. 그것은 '지상 쾌락의 동산'과 '결정론의 과수원' 사이의 세대들이 만들어놓은 벽을 과감하게 파괴하는 것이었다. 랑주뱅이 중간세계의 마구잡이와 $F=ma$를 결합시킨 것은 결국 그 벽의 붕괴를 가져왔다.

일의 결말

1906년에 랑주뱅의 스승이자 정신적 지도자였던 인물이 교통사고로 사망했다. 그는 노벨상 수상자인 피에르 퀴리Pierre Curie였다. 퀴리는 '아름다운 시대la belle époque'(19세기 말부터 20세기 초까지, 파리의 평화로운 시대)라 불리던 시기에 프랑스 과학계를 이끌던 선두주자였으며, 마리 퀴리Marie Curie의 남편이자 협력자였다. 어느 날 저녁 피에르는 과학 회합에서 돌아오는 길에 아마도 과학 생각에 몰두했던 건지 센 강 남쪽의 퐁네프 다리 근처에서 무심코 도핀 가 쪽으로 발길을 돌렸다. 그는 넘어졌고 달려오던 마차에 치여 사망했다.

그는 겨우 47살이었다. 그의 죽음은 프랑스 과학계에 커다란 충격이었고 마리와 피에르의 두 딸, 9살의 이레네와 겨우 2살인 이브에게는 비극이었다. 마리와 피에르는 11년 전에 결혼했었다. 적극적이었던 부부는 물리학자, 화학자, 생물학자 그리고 다른 지성인 들이 왕성하게 사회활동을 하는 중심에 서 있었다. 그 모임은 당시 파리 미술계의 유명한 모임들과 크게 다르지 않았다. 모임에는 랑주뱅과 곧 중간세계의 선구자가 될 페랭이 속해 있었다.

남편의 죽음 이후 마리는 관습에 얽매이지 않고 딸들을 교육시키는 일에 헌신했다. 퀴리의 딸들은 페랭 같은, 모임의 다른 구성원 자녀들과 함께 소르본 대학에 있는 페랭의 화학 강의용 실험실과 랑주뱅의 수학 연구실, 미술 강의를 하는 마그로Magrou라는 조각가의 작업실, 마리 퀴리의 물리학 강의실 등을 드나들었다. 전통적 학제에 반대했던 마리 퀴리는 아이들이 교실에서 교과서를 숙독하는 것만큼이나 밖에서 신선한 공기를 쐬며 뛰어놀아야 한다고 생각했다(그렇지만 마리 자신은 실험에 몰두한 나머지 남편과 마찬가지로 방사능 노출에 의한 건강상의 적신호를 무시했다).

이런 모든 사회적·교육적·과학적 관계 중 어느 지점에서 과부인 마리와 랑주뱅의 관계는 친구에서 연인으로 발전했다.

랑주뱅은 이미 결혼하여 4명의 자녀가 있었다. 그 결혼은 실패했다고 소문이 나 있었고 랑주뱅은 독신자 아파트에서 따로 살고 있었지만, 1910년 당시 사람들은 그런 사건을 가볍게 보아 넘기지 못했다. 마리 퀴리는 유명인사였다. 노벨상 수상자로서 그리고 위대한 피에르의 미망인으로서 유명했다. 여성 과학자로도 유명했다. 당시만 해도 그녀는 유명인사로서 대중들에게 분명한 표적이었다.

1911년에 랑주뱅의 격노한 부인 잔Jeanne이 몇 통의 편지를 빼돌려 기자에게 배달한 후 두 사람의 연애 관계에 대한 소식이 흘러나왔다. 마리 퀴리의 명성은 곧 완전히 파괴될 것처럼 보였다.

오늘날의 과학자들은 자신들이 언론에 잘 소개되지 않고 자신들의 업적이나 생활이 무시당하는 것 같다고 때때로 불평하지만, 그 무시가 랑주뱅과 마리 퀴리에게 일어났다면 그들은 아마도 기뻐했을 것이다. 유명한 교수로서 랑주뱅은 이런 추문에 엮이고 싶지 않았다. 당시 프랑스 신사가 연인을 두는 것은 사회적으로 인정받는 일이었다. 사회적 견지에서 랑주뱅의 실제 죄는 그의 연인이 눈에 띄지 않는 여성이 아니라는 것이었다. 그녀 자체가 유명인사였다. 더구나 마리 퀴리는 프랑스 여성이 아니었기 때문에(그녀는 폴란드 태생으로, 처녀 때 이름은 스클로도프스카였다.) 그런 그녀가 여섯 자녀를 둔 존경받는 프랑스 숙녀의 남편을 끌어들여서는 안 되었다.• 마리는 특히 우익 언론으로부터 프랑스 과학, 프랑스 남성, 프랑스 가정을 타락시킨다고 비방을 받았다. 남편을 외국인에게 도둑맞는다면 어떻게 선량한 프랑스 민족이 줄어드는 인구(독일의 급격한 인구 증가를 걱정하는 프랑스 인의 끝없는 강박 관념)에 맞서 싸울 수 있겠는가?

한때 마리는 자살을 시도했으며 나중에는 스트레스로 악화된 심각한 신장 감염으로 입원을 해야 했다. 그동안 랑주뱅은 과격한 기자로 변한 학창시절 친구와의 우스꽝스러운 결투를 끝냈다. 그 기자는 자신이 랑주뱅을 죽임으로써 잔 랑주뱅과 네 자녀•• 에게서 양육 책임이 있는 랑주뱅을 빼앗을 수는 없다고 애국심에 찬 어조로 주장하며 총을 쏘는 것을 거부했다. 이어 모여든 결투 입회인과 소란스러운 기자 들 사이에서 성급한 논쟁이 일어났고 양편은 서로 해를 입히지 않고 공중에 총을 쏘는 것으로 결투를 마무리했다.

• 당시의 기자들은 실체를 무시하는 유서 깊은 전통에 따라 기꺼이 랑주뱅의 자녀 수를 여섯 명으로 부풀렸다.

•• 이때에는 자녀가 네 명으로 줄었다.

1911년 11월에 마리는 두 번째 노벨상(이번에는 화학상)을 받았지만 그것으로 비판을 잠재우지는 못했다. 페랭 같은 친구들은 계속적으로 지지하며 주변에 모여들었지만 마리와 랑주뱅의 연애 사건은 액운이었다. 마리는 과학에 몰두하여 새로운 '라듐 연구소'를 계획하고 설립하여 결국 방사선의 의학적 이용에 크게 공헌했다. 마리는 제1차 세계대전 중에 의사들에게 X선 사용법을 훈련했다. 랑주뱅은 전쟁 관련 연구에 뛰어들어서, 해저 물체를 소리로 감지하는 장치인 수중음파탐지기소나를 발명했다. 그것은 전쟁 무기로도 시도되었고, 랑주뱅은 그것이 어류를 죽이는 데도 사용될 수 있음을 증명했다. 몇 년 후에 랑주뱅은 여전히 부인과 떨어져 살며 또 다른 연인을 두고 있다는 소문이 났다. 이번에는 '눈에 띄지 않는 여성'의 조건을 만족하는 익명의 비서였다. 그런 정도면 제3 공화제 도덕에서 용인이 되었다.

랑주뱅과 퀴리 사이에는 마지막 연이 남아 있었다. 1943년에 나치 점령군은 랑주뱅(당시 78살)과 같은 유명한 반나치 과학자들을 감금했다. 이때 졸리오 퀴리(퀴리의 딸인 이레네의 남편)가 랑주뱅을 프랑스에서 탈출시켜 스위스로 보내는 안전 통로를 마련했다. 그리고 이레네와 그녀의 자녀가 랑주뱅과 함께 갔다. 물론 마리 퀴리는 오랫동안 방사선에 노출된 후 백혈병으로 쓰러져 이미 1934년에 사망한 뒤였다.

그동안 실험은……

우리는 랑주뱅 방정식에서 수학적 마구잡이에도 불구하고 아무것도 실제로 변화하지 않았다고 말할 수도 있다. 요동하는 원자의 통계학인 볼츠만의 수학 속에서 당신은 여전히 뉴턴 역학을 따르는 결정 입자를 생각할 수 있다. 그렇다면 마구잡이가 정말로 필요할까?

그럼 오늘날 연구 중인 물리학자에게 랑주뱅 방정식이 없이도, 아인슈타인의 분석에서 나온 기본 생성물인 '요동 소산 원리fluctuation dissipation theorem'가 없이도 그리고 요동과 마구잡이의 처리에서 제공되는 수학과 개념 도구의 방대한 배열이 없이도 물리학을 할 수 있다고 생각하는지 물어보자. 심지어 아원자 세계의 과학인 양자역학의 후기 발전도 아인슈타인, 랑주뱅 등의 중간세계 연구에서 상당한 혜택을 입었다. 오늘날 물질의 과학은(재정의 과학은 말할 것도 없고) 마구잡이가 없이는 불가능할 것이다. 오늘날 미술이(그것에 대한 당신의 의견이 어떻든지) 피카소와, 20세기로 전환되면서 일어난 '현대'의 무브망movement이 없이는 존재하지 않는 것과 같다.

그러나 우리는 우리 자신을 앞서가고 있다. 우리는 과학을 하는 데 있어서 가장 중요한 규칙 중 하나를 잊어가고 있다. 그래서 아인슈타인과 스몰루코프스키와 서덜랜드와 랑주뱅은 브라운 운동의 이론을 내놓았다. 과학에서 이론은 결코 충분하지 못하다. 영국 왕립학회의 구호는 'Nullius in verba'이다. 이것을 간단히 번역하면, '스스로 그것을 보기 전에는 그것에 대해 아무 말도 받아들이지 마라.'이다. 근대 서구 과학의 호된 시련의 장들 중 하나인 왕립학회의 첫 구성원들은 실험으로 증명된 개념을 자랑스럽게 여겼다. 길게 보면 생각을 많이 하는 사람들은 영리한 아이디어를 상세하게 설명하여 모든 사람들의 마음을 기울게 만들지만 결국 그들은 몽상가들로 밝혀졌다. 실체에 대한 적절한 이해에는 굳건한 실험 증거가 필요하다.

이것은 브라운 운동의 이론가들 중 한 사람이 우연하게도 위대한 아인슈타인이었다고 해서 달라지지는 않는다. 랑주뱅이 1908년에 자신의 짧은 논문에서 밝혔듯이 여전히 부족한 것은 중간세계에서 직접 측정한 실험 증거였다.

다시 현미경으로 다가갈 시간이 되었다. 오래전에 죽어서 거의 잊힌 식물학자 브라운의 방법으로 되돌아갈 시간이 되었다.

08

고무공에서 원자까지

보통 과학자들은 새로운 기술의 첫 수혜자다. 레이저가 값싼 CD 플레이어에 사용되기 훨씬 전에 물리학자들은 레이저를 이용하여 물질의 구조를 세밀하게 연구하고 심지어 물체들을 조작하기까지 했다. 모든 사람들의 책상에 컴퓨터가 놓이기 훨씬 전에 화학자들은 컴퓨터를 이용해 결정에 있는 원자의 움직임을 계산했으며 수학자들은 적의 암호를 해독했다. 또 할리우드가 영화를 수십 억 달러짜리 산업으로 만들기 전에 과학자들은 영화 카메라를 이용하여 중간세계를 연구했다.

프랑스의 물리학자 빅토르 앙리Victor Henri는 20세기를 여는 첫해에 셀룰로이드에서 최초로 중간세계를 볼 수 있는 연구 한 가지를 해냈다. 앙리는 아인슈타인과 랑주뱅의 브라운 운동에 관한 논문을 읽고 아인슈타인의 이론적 결과를 평가해보기로 했다.

앙리는 최첨단 복합 렌즈를 장착한 최신 현미경 장치를 조립하여 최신 영화 촬영 장치와 결합시켰다. 그리고 지름이 1,000분의 1밀리미터 정도인 작은 고무공 몇 개를 물방울에 넣고 브라운 운동을 필름에 담기 시작했다. 앙리는 필름의 장면과 장면으로 입자들의 위치를 측정하여 그 운동을 직접 볼 수 있었다.

물질의 통계적 모형에서 예측된 대로 각 입자들은 각각 다른 거리를 운동했다. 앙리는 물의 점도와 온도를 이용하고 자신의 측정값을 아인슈타인의 공식에 대입하여 측정된 입자 10여 개의 평균 거리를 계산했다.

공식은 옳지 않았다. 앙리의 입자들은 4배나 빠르게 운동하고 있었다.

과학이 멋지고 잘 정돈된 이야기라면 그리고 놀라움, 풀리지 않는 신비, 서투른 실수, 놀라운 천재에 대한 길고 지루한 설명이 아니라면, 앙리가 아인슈타인과 일치하지 않은 이유가 설명될 수 있다. 앙리의 결과에 대해 앙리 자신이 1908년에 〈과학아카데미 학회지 *Comptes Rendus de l'Academie des Sciences*〉에 발표한 논문에서 브라운 운동을 측정하는 것은 어려운 도전이라고 언명한 것을 제외하면, 불행하게도 그 결과에 대해 아무도 완전하고 확실한 설명을 내놓으려고 하지 않은 것 같다. 이 경우 실험적 오차가 생긴 가장 그럴듯한 이유는 앙리의 최초 영화에 쓰인 밝은 빛이 현미경 렌즈에 의해서 집중되고 이것이 물방울을 가열하여 믿을 수 없는 측정값들을 만들어냈다는 것이다. 이것은 앙리의 실험에 대해 들은 아인슈타인이 내놓은 의견이었다.

문제가 앙리의 실험에만 달려 있었다면 아마도 역사는 달라졌을 것이다. 하지만 그것은 믿을 만한 현미경을 갖추고 물질의 본질에 대해 최종적으로 증명해보겠다는 불타는 욕망을 지닌 또 다른 프랑스 과학자를 고려하지 않은 생각이다. 이번에는 장 바티스트 페랭의 차례였다.

원자를 증명한 사람

파리에 있는 소르본 대학의 물리화학자인 장 바티스트 페랭Jean-Baptiste Perrin은 아인슈타인이나 랑주뱅처럼 원자론을 배경으로 성장했다. 그는 물질이 원자로 구성되었다는 자신의 믿음을 완벽하게 증명하기로 했다.

페랭은 1890년대부터 1910년대까지 파리 주변을 떠들썩하게 했던 과학자, 지성인, 예술가 들의 긴밀한 사교집단의 일원이었다. 페랭은 1870년에 릴에서 태어났으며, 육군장교였던 아버지에 대해서는 아는 것이 거의 없이 자랐다. 그의 아버지는 상대편에서는 루돌프 클라우지우스가 참전했던 바로 그 프랑스-프러시아 전쟁 중에 사망하여, 페랭과 두 누이는 편모 슬하에서 성장했다. 페랭은 이후 파리에 있는 유명한 고등사범학교에 입학했고 1890년대에는 물리학화학공업학교에서 피에르 퀴리와 랑주뱅과 함께 공부했다. 앞에서 이야기한 것처럼 그는 1911년에 마리 퀴리와 랑주뱅이 신문기자들에게 공격을 받을 때 그 주변에 모여 그들을 감싸준 친구들 중 한 명이었다.

페랭은 프랑스 과학계에서 중요한 권위자가 되었다. 1930년대에 국립과학연구원CNRS, Centre National de la Recherche Scientifique을 설립할 당시 그는 거의 모든 책임을 맡았다. 이 조직은 오늘날에도 프랑스에서 공공 연구비를 지원받아 운영되고 있다. 페랭은 또한 과학을 대중에게 더 폭넓게 소개하는 데에도 관심이 많아서, 대중적인 책을 저술하고 대중강연을 하고 파리과학박물관과 체험교육장을 갖춘 쿠베르트 궁전('발견의 전당')을 설립했다.

퀴리 부부와 마찬가지로 페랭과 아내 앙리에트의 자녀들은 부모를 이어 과학자가 되었다. 아들 프랑시스는 성공한 물리학자가 되어 원자력과 원자폭탄 분야에서 중요한 역할을 했다. 페랭은 또한 과학의 사회적 관계에 대해 열정을 가지고 있었으며 사회 발전의 길이 과학 이해에 놓여 있다고 믿었다. 그리고 과학이 모든 사람들이 흔히 바라지 않는 사회적 변화인 어떤 자동화된 기계가 아니라 인간 활동이어야 한다고 믿었다. 다시 말해서 의식을 가진 과학이었다.

페랭은 열성적인 사회주의자가 되었으며 1936년에는 프랑스 내각에 과학자가 포함되어야 한다고 새 수상인 레옹 블룸을 설득했다. 과학은 정부가 더는 무시할 수 있는 문제가 아니었다. 페랭 자신 또한 블룸의 내각에서 근무했다. 유명한 반反파시스트였던 페랭은 1940년에 프랑스를 탈출하여 뉴욕으로 망명해야 했다. 아들인 프랑시스는 이미 그곳에서 컬럼비아 대학의 강사로 근무하고 있었다.•

눈에 보이지 않는 광선

다시 1890년대로 돌아가보자. 페랭은 중간세계에 뛰어들기 전에 표면적으로는 관련이 없는 듯한 주제에서 이미 훌륭한 연구 경력을

• 그 후 페랭은 프랑스로 돌아가지 못했다. 그는 조국이 여전히 나치 치하에 있던 1943년에 뉴욕에서 죽었다.

가지고 있었다.

19세기 말 무렵 눈에 보이지 않는 신비한 광선이 세기말 물리학에서 인기 있는 주제가 되었다. X선의 우연한 발견과 함께, 전에 보이지 않던 모든 우주가 갑자기 완전히 예상하지 못한 이상한 모습으로 열리자 자기만족에 빠져 있던 물리학자들에 대한 지지가 중단되었다.

통계역학, 운동론, 뉴턴식 결정론, 원자와 그 비슷한 것의 존재에 대한 논쟁들이 있었지만 19세기 말 무렵의 물리학은 많은 사람들의 눈에 거의 끝나가는 것으로 보였다. 1890년대 케임브리지 대학의 캐번디시 연구소 소장이던 톰슨J. J. Thomson에 따르면, 그 세대의 많은 예비 물리학자들은 물리학 분야에서 경력을 쌓는 것이 해볼 만한 것인지에 대해 의구심을 품었다. 그들은 물리학이 모두 끝나버리면 직장을 구할 수 있을지 불안했다. 마찬가지로 1880년대 독일에서 훗날 양자현상의 연구로 노벨상을 수상한 막스 플랑크Max Planck는 물리학을 절대로 하지 말라는 충고를 받았다. 그의 스승에 따르면 그 주제는 거의 끝났으며 먼지투성이가 될 것이었다.

X선의 발견은 그런 자만심을 폭발시켰다. X선은 단지 과학 잡지에 실리게 될 점차 늘어가는, 눈에 보이지 않는 이상한 광선 무리 중 하나였다. 페랭의 흥미는 이미 음극선으로 옮겨가 있었다. 음극선은 음전하를 가진 '음극'에서 방출되었으며 화면에 충돌할 때 밝은 빛을 내기 때문에 검출할 수 있었다. 음극선은 1870년대에 최초로 발견되었지만 그 후 20년 동안 여전히 의문거리였다. 1895년에 페랭의 실험은 음극선이 전압을 걸어주면 경로가 바뀔 수 있다는 중요한 단서를 밝혀주었다. 이 덕에 음극선으로 최초의 텔레비전 화면을 만들어낼

수 있었다.

페랭은 또한 광선이 어떤 전압을 통과할 때 광선에 준 에너지를 측정하여 광선의 음전하 값을 계산할 수 있다는 것을 깨달았다. 이제 광선이 실제로 입자들의 흐름이라는 것이 분명해졌다. 전하를 측정하면 음극선이 실제로 무엇인지를 명확하게 정의할 수 있을 것이다. 페랭은 곧 실험을 구상하기 시작했다.

하지만 그것은 그렇게 빨리 밝혀지지 않았다. 영국해협 반대편에 있는 캐번디시 연구소에서도 톰슨이 음극선에 대해 실험을 하고 있었다. 톰슨도 페랭과 같은 아이디어를 가지고 전압을 통해 광선을 가속하는 실험을 설계했다. 그는 입자의 전하 대 질량의 비를 측정하여 음극선 입자가 수소 원자보다 질량이 거의 2,000배나 작다는 것을 보여주었다. 그것은 전혀 새로운 입자였으며 원자의 작은 성분이었다. 톰슨은 그것을 '전자'라고 이름 붙였다. 이 발견으로 톰슨은 노벨상을 받았다. 페랭은 막판에 톰슨에게 분패했다.

톰슨과 그의 뉴질랜드 출신 제자인 어니스트 러더퍼드Ernest Rutherford는 페랭의 '파리 모임'에 초청 멤버로 속해 있었다. 그 모임은 대부분 이미 '원자론자'로 알려진 사람들로 구성되어 있었다. 1901년에 페랭은 중심 핵 주위를 행성형 전자들이 도는 원자 모형 그림을 제안했다. 나중에 러더퍼드와 덴마크 출신 물리학자인 닐 보어Niels Bohr가 이런 모형을 재발명하여 원자 내부의 실제 이론으로 발전시켰다.

그러나 중간세계에 대해서는 페랭이 랑주뱅과 밀접하게 교류한 것이 아마도 가장 중요한 계기가 된 듯하다. 소르본 대학에서 화학을 배우는 동안 페랭은 1903년 이후로 중간세계 입자의 서스펜션에 대해 연구했다. 그는 랑주뱅을 통해서 중간세계 운동에 대한 아인슈타인의 분석을 접하고 직접적인 비교 실험의 가능성을 귀띔받게 되었다.

페랭은 1907년경부터 시작하여 중간세계에 대한 결정적인 실험들을 5년 이상 연속적으로 진행했으며 관찰과 자료 수집에 엄청난 노력을 기울였다. 남아 있는 수많은 사이비 원자론자들의 의심에도 불구하고 페랭의 연구는 확고했다. 그는 소위 '원자를 증명한 사람'으로 불리게 되었고 결국 노벨상을 받았다.

완전한 고무공

1907년에도 여전히 상을 꿈꾸는 것은 시기상조였다. 페랭은 모든 신중한 실험들을 하기 전에 이상적인 중간세계 거주자를 찾아야 했다. 그는 간단하고 가장 완전한 브라운 입자가 필요했다.

여기서 의문 하나! 페랭이 브라운 운동을 연구하고자 했다면 왜 간단하게 브라운을 따라서 꽃가루 입자를 모아 실험하지 않았을까?

무엇이든 증명하려면 페랭은 실제로 어떤 값을 측정해서 그것을 직접 아인슈타인의 식과 비교해야 했다. 페랭의 입자들은 이론의 엄격한 조건을 만족시켜야 했다. 그것은 만만찮은 일이었으며 꽃가루 입자는 그 일에 맞지 않았다.

첫째로 입자들은 스스로 행동해야 했다. 그것들은 서로 끌어당기거나 반발하지 않아야 했고 현미경 슬라이드 벽에 우연히라도 달라붙지 않아야 했다. 그런 효과들이 입자들의 운동 방법을 상당히 변화시킬 수 있었다. 입자들이 전하를 가진 물에 잠겨 있기 때문에 입자들 사이의 전하 반발 같은 장거리 힘을 피하기는 쉽지 않았다.

둘째로 입자들은 가능한 한 구형이어야 했다. 꽃가루 입자는 흔히 작은 원통형이거나 관형이다. 아인슈타인의 이론에는 완전한 구형이 필요했다. 그 경우에만 계산이 수월하기 때문이었다.

셋째로 밀도 문제가 있었다. 페랭이 브라운 운동을 측정하기도 전에 입자들이 바로 바닥에 가라앉거나 위로 떠오르지 않도록 물의 밀도와 아주 비슷한 밀도가 필요했다.

이런 세 가지 어려운 요구 사항을 해결한 후에도 어려운 문제가 남아 있었다. 바로 크기다. 크기가 클수록 입자는 주위 액체 원자들에 밀리는 데 저항을 할 것이고 운동도 더 느릴 것이다. 춤은 살사보다는 왈츠가 될 것이다. 너무 큰 입자는 너무 느린 브라운 운동을 해서 실험으로 자료를 얻는 데 몇 달이 걸릴 것이다.

반면에 입자가 너무 작으면 너무 빠르게 움직여서 신뢰할 만하게 추적할 수 없을 것이다. 페랭은 성공하려면 정밀하고 좁은 크기 범위에 들어맞는 입자들이 필요했다.

그리고 마지막으로 정말 어려운 것이 남아 있었다. 그는 모든 입자가 될 수 있는 대로 크기가 같은 입자 시료가 필요했다. 입자들이 춤추는 속도가 크기에 따라 달라진다면 아인슈타인의 이론이 예측한 대로 크기가 다른 시료의 입자들은 모두 다른 속도로 춤을 출 것이 분명했다. 그리고 자료는 그에 따라 엄청나게 많아질 것이다.

간단히 말해서 브라운 운동을 측정하기 위해서는 적절한 모양과 크기, 밀도, 점도를 갖춘 모범적이고 균일한 입자가 필요했다.

이론이 요구하는 조건은 엄격했지만 페랭은 그 요구에 거의 들어맞는 물질을 찾아냈다. 그것은 고무나무에서 나오는 등황(藤黃. 고무

수지로, 황색 안료·하제용으로 쓰인다.)이라는 수지였다. 그 수지를 물과 섞으면 적당한 밀도의 작은 공들이 생긴다. 이것은 장기간의 실험 동안 안정하며 상호작용이 간단하여 이론적 조건을 만족할 수 있었다. 페랭은 입자가 만들어지는 조건을 조절하여, 가장 좋은 자료를 얻어내는 데 필요한 비교적 일정한 크기의 입자들을 얻을 수 있었다.

그러나 크기를 조절하는 과정은 험난했다. 페랭이 매우 조심을 했지만 등황 구들은 항상 필요한 크기에서 벗어나 다양한 크기로 만들어졌다. 페랭은 어떻게든 너무 크거나 너무 작은 것들을 제거하려고 도전했다.

페랭은 지름이 1,000분의 1밀리미터 정도인 입자가 필요했다. 이것은 1세제곱센티미터의 서스펜션 속에도 수조 개의 입자들이 포함될 수 있는 크기다. 따라서 가장 적당한 입자를 하나씩 고르는 것은 애당초 가망 없는 생각이었다. 심지어 과학사에서 가장 착취를 당한 박사과정의 대학원생도 그런 임무는 떠맡지 않았다.

대신에 페랭은 억센 힘을 이용했다. 그는 모두 다른 크기들이 섞인 '원재료' 등황 입자들을 원심분리기에 넣었다. 원심분리기는 그 내용물을 매우 빠르게 원운동시킴으로써 원의 중심에서 바깥쪽으로 밀어내는 커다란 힘을 만든다. 이것은 유럽의 축제에서 볼 수 있는 '죽음의 벽'이라는 오래된 쇼의 원리다. 죽음의 벽은 거대한 수직 원통의 안쪽 벽을 오토바이가 타고 달리는 쇼인데, 중력 때문에 오토바이를 탄 사람이 떨어질 것처럼 보이지만 실제 오토바이는 달리면서 벽에 붙어 있을 수 있다.

페랭의 입자들은 원심분리기 안에서 회전을 하면서 바깥쪽으로 힘을 받았다. 입자들이 바깥쪽으로 이동하는 속도는 크기에 따라 달라진다. 큰 것은 작은 것보다 바깥쪽으로 더 빠르게 이동한다. 따라서 일정한 시간 동안 원심분리를 하고 나면 시료관의 바닥에는 대부분 큰 입자들이 모이고 위쪽에는 작은 것들이 모인다. 이런 원심분리를 여러 번 반복하여 페랭은 입자들을 여러 크기로 분리했다.

그것은 수고스러운 일이었다. 그는 0.5킬로그램의 서스펜션으로부터 이용할 만한 입자를 3~4그램 얻었다. 마침내 그는 중간세계를 측정할 준비가 되었다.

중간세계의 대기

페랭은 앙리가 한 것과 같은 종류의 실험으로 시작했다. 춤추는 입자들을 하나씩 추적해서 그들이 얼마나 멀리 이동하는지를 측정하려고 했다. 그러나 그 실험은 너무나 어려워서 앙리의 경우와 마찬가지로 믿을 만한 자료를 얻을 수 없었다. 페랭은 방침을 바꾸었다.

그는 대신에 중력을 생각하기 시작했다. 실제로 볼츠만의 운동론에 관한 초기의 통계학 연구까지 거슬러 올라가는 아인슈타인의 원래 분석 중 일부는 입자 서스펜션이 중력에 의해서 아래쪽으로 힘을 받으면 어떻게 보일 것인가 하는 것이었다.

볼츠만은 물론 중간세계의 입자가 아니라 운동론의 원자에 대해 생각했다. 볼츠만의 통계학은 기체에서 중력을 받으면 위로 올라갈수록 원자의 수가 적어지리라 예측했다. 적은 수의 원자만이 중력에 저항할 수 있는 충분한 에너지를 가지고 상층부에 머무를 수 있다.

이것은 정확하게 지구의 대기에서 일어나는 일이다. 에베레스트

산에 올라가면 공기가 점점 희박해지는 것을 느낄 수 있다.

아인슈타인의 이론은 고도에 따라서 생기는 이 점차적인 기체 원자의 엷어짐이 액체 서스펜션의 큰 입자들에도 적용되어야 한다는 것을 내포했다. 아인슈타인은 큰 입자가 결국 거대 원자처럼 행동할 것으로 가정했다.

물론 페랭의 등황 입자 서스펜션도 지구의 다른 모든 것처럼 중력을 받았다. 페랭은 그렇다면 현미경을 보고서 서스펜션에서 각 높이에 얼마나 많은 입자가 있는지 그 수를 세기만 하면 된다는 것을 깨달았다. 페랭은 1908년에 〈과학아카데미 학회지*Comptes Rendus de l'Académie des Sciences*〉에 발표된 첫 논문에서 그 예측을 확인했다. 페랭이 현미경으로 관측한 결과, 시료 바닥에서 높이가 더 높아질수록 입자의 수가 점점 적어졌다.• 페랭의 측정은 아인슈타인의 예측과 수치상으로 완전히 일치했다.

이것은 앙리가 시도했던, 입자들이 이동한 거리를 측정하는 것보다 훨씬 더 쉬운 실험이었다. 각 높이에서 입자들을 세기만 하면 되었다. 하지만 페랭은 확실하게 하려고 여전히 많은 계측과 많은 실험들을 해야 했다. 그것이 통계학의 본성이었다. 그러한 노력이 필요하긴 했지만, 페랭 자신의 말을 빌리자면, 그의 결과는 마침내 '분자 세계를 더 명확하게 보여주었다.'

• 중간세계 입자는 대기 원자나 공기 같은 분자보다 훨씬 크기 때문에 중력에 의해서 더 빨리 내려온다. 이에 따라서 중간세계의 '대기'는 높이가 더 작은 범위로 압축된다. 압력을 받은 똑같은 낙하로 환산한다면 페랭의 등황 서스펜션에서 몇 밀리미터의 오름은 에베레스트 산 꼭대기에 오르는 것과 같다.

중간세계에서 나온 마법의 수

페랭과 그의 소르본 대학 대학원생들은 현미경에 대한 경험을 얻자 자료를 수집하는 중대한 임무에서 점점 진보하는 모습을 보였다. 그들은 중간세계 대기의 통계학을 될 수 있는 대로 정확하게 고정하려고 수만 개의 입자를 세었다. 심지어 입자 운동을 추적하고 측정하는 것도 터득했다. 페랭은 영화 필름을 이용하는 대신에 현미경의 영상을 벽에 투사했는데 입자의 크기가 아주 커서 실험자가 '실제로' 추적하고 기록할 수 있었다. 페랭의 결과는 앙리의 것보다도 아인슈타인의 이론과 훨씬 더 잘 일치함을 보여주어 용기를 북돋워 주었다.

페랭은 아인슈타인과 일치하는 것이 다른 물질의 서스펜션에서도 변하지 않는다는 것을 확인하기 위해서 유향 같은 물질을 가지고도 실험을 했다. 그는 입자 크기를 측정하는 세 가지 새로운 방법을 개발했다. 그것은 이론을 정밀하게 비교하는 데 매우 중요한 지식이었다. 페랭의 대학원생 중 한 명인 르네 콩스탕탱René Constantin은 서스펜션의 일정한 영역에서 모든 입자들의 브라운 운동이 결합된 결과로서 시간에 따라서 입자 수가 어떻게 변화하는지를 측정했다. 콩스탕탱의 결과는 스몰루코프스키의 예측과 들어맞았다. 그 자료들은 심지어 매우 확고한 원자론 반대자까지도 더 이상 무시해 넘길 수 없을 정도로 비중이 커졌다.

그리고 페랭 자신이 발견한 것들을 원자의 실체를 지지하는 다른 과학자들이 주장한 틀에 맞추기 시작하며 최후의 확실한 증명을 보여주었다. 그것은 '아보가드로수'를 측정하는 것이었다.

방사선이나 복사선처럼 변화하는 현상에 대한 다른 원자론자들의 이론과 페랭의 모든 실험을 하나로 연결해주는 줄은 아보가드로수였다. 이탈리아의 화학자인 아메데오 아보가드로Amedeo Avogadro의 이름을 딴 이 보편적 수는 일정한 부피에 들어 있는 원자나 분자의 수를 나타낸다. 19세기 초에 아보가드로는 물질이 별개의 작고 많은 입자들로 이루어졌다면 일정한 부피의 모든 단순한 기체들은 기체의 화학적 성질에 상관없이 같은 수의 입자를 포함해야 한다고 제안했다. 이는 처음에는 거의 무시당했지만 이어지는 화학과 운동론의 발전으로 '아보가드로수'가 전면으로 나오게 되었다.

이 수는 간단하게 셀 수 있는 수는 아니다. 대충 이야기하더라도 놀랄 만큼 큰 수로, 1조의 1,000억 배다(원자는 작아서 보통의 적당한 부피의 기체에는 매우 많은 원자가 들어 있다). 아인슈타인과 페랭은 브라운 입자의 통계학을 통해서 이 수를 측정하는 또 다른 방법을 제시했다.

페랭은 서로 다른 방법으로 자신의 중간세계 실험에서 다섯 가지의 개별적인 아보가드로수 측정값을 얻었다. 이 측정값들은 모두 잘 일치했다. 모든 경우에서 그는 1조의 6,000억 배(6×10^{23})의 값을 얻었다. 다음에 그는 실험값들을 완전히 다른 실험에서 얻은 값들과 비교했다. 이것들은 기체에 의한 빛의 회절에서 얻은 것으로부터 푸른 하늘을 만드는 빛의 산란, '완전 흑체'에 의한 에너지 발산, 미세 티끌의 전하, 방사능(옛 친구인 퀴리의 영역)에서 얻은 것까지 다양했다.

이런 모든 현상들은 6×10^{23}에서 7×10^{23}에 이르는 비슷한 아보가드로수를 나타내었다.

브라운 운동에서 빛이나 방사능에 이르기까지 그렇게 광범위한 다른 실험 분야에서 얻어진 것들이 이렇게 일치하는 것은 볼츠만과 아인슈타인의 운동–통계 이론이 옳다는 것을 증명하는 가장 믿을 만한 증거였다.

1912년에 페랭은 원자의 실체 주장을 요약하는 책을 출간했다. 《원자*Les Atomes*》는 첫해에 30,000부가 팔렸고 그 후로도 판매가 줄어들지 않았다. 레우키포스, 데모크리토스, 에피쿠로스, 루크레티우스에서 뉴턴, 맥스웰, 볼츠만, 아인슈타인에 이르기까지, 2,000년 이상의 숙고와 논쟁 끝에 원자는 실체가 되었다. 그리고 페랭이 그것을 무시되어왔던 중간세계에서 증명했다.

페랭이 실험을 한 시기는 브라운이 최초로 달맞이꽃 꽃가루를 현미경으로 관찰한 1827년의 여름으로부터 80년이 조금 지난 때였다. 브라운의 실험으로부터 막 한 세기가 된 1926년에 페랭은 브라운 운동에 관한 업적으로 노벨상을 받았다.

그렇게 알려지지 않은 채로 오랜 시간을 보냈던 중간세계는 이제 신중하게 과학적 주목을 받을 만하다는 것을 스스로 확실하게 증명했다.

하지만 불운하게도 일은 그 방향으로 순조롭게 진행되지 않았다.

과학자들은 절대 만족하지 않았다. 페랭이 모든 물질은 원자로 이루어졌다는 것을 최종적으로 증명하느라 바쁜 동안에, 다른 사람들은 이미 원자 내부로 곧바로 들어가서 더 깊은 부분을 조사하고 있었다. 그리스 인들은 '쪼갤 수 없다.'라는 의미에서 '원자atom'라고 했지만 이미 톰슨의 음극선 실험은 원자가 작은 것 중 가장 작은 것이 아니라는 것을 증명했다. 원자에는 톰슨의 전자나, 이후의 실험들로 밝혀질 여러 가지 작은 성분들이 들어 있었다.

그 과정에서 아원자론자들은 매우 이상한 것을 발견했다. 우리는 전자와 같은 매우 작은 입자들이 작은 당구공처럼 행동하리라 예상하지만 어떤 의미에서는 그렇게 행동하지 않는다. 이런 아원자 크기에서는 실체의 성질이 변한다. 과학은 양자세계에 채어 비틀거렸다. 그 후 굉장한 결론이 나왔다. 아원자의 신비 때문에 또다시 중간세계는 과학적 호기심이 많은 몇몇 탐구자를 제외한 모든 사람으로부터 잊히게 되었다. 그런 변화는 거의 한 세기 동안 지속되었다.

중간세계 포기자

전자와 같은 아원자 실체들은 잘 정의된 단일 입자처럼 행동하지 않는다. 아인슈타인은 이 불가사의한 양자세계의 과학에 시동을 건 사람들 중 한 명이었다. 아인슈타인의 혁신적 이론 ②(빛의 광자)는, 빛살은 때때로 파동보다는 입자들 또는 '광자들'의 집합으로 생각되어야 한다고 암시했다. 마찬가지로 전자와 같은 '입자'는 때때로 단일하게 측정될 수 있는 위치보다는 공간에 퍼져 있는 파동으로 생각되어야 한다.

전자, 광자 또는 20세기의 첫 10년 동안 발견된 많은 아원자 입자들 중 하나처럼, 무엇이든지 아주 작으면 이 이상한 양자 본질을 통해 적절하게 이해될 수 있다.

양자 현상의 수학적 이론, 즉 양자역학은 1920년대에 발견되었으며, 오스트리아의 에어빈 슈뢰딩거Erwin Schrödinger와 독일의 베르너 하이

젠베르크Werner Heisenberg의 지지를 받았다. 양자역학은 우리가 전자와 같은 양자 입자를 정의된 단일 입자가 아니라 통계적 실체로서 생각해야 한다고 제안하고 있다.

통계학을 이용하면 전자가 이곳에 있거나 이런저런 속도로 운동할 확률만을 계산할 수 있다. 실제로 명확한 답을 얻으려면 측정을 해야 한다.

중간세계는 양자 효과를 거의 볼 수 없는 커다란 크기이며 원자보다 훨씬 더 큰 세계다. 따라서 브라운 운동은 양자역학에 의지하지 않고도 이해될 수 있다. 그럼에도 중간세계를 이해하는 것은 양자역학의 역사적 발달 때문에 매우 중요하다. 페랭이 아인슈타인의 브라운 운동에 관한 통계 이론을 굳건한 실체로 만든 후에 과학 세계는 전자와 다른 양자 입자들의 통계적 해석을 수용할 준비가 충분히 되어 있었다.* 그것은 공식적이었으며 통계학은 훌륭한 것이었다.

양자과학의 등장은 중간세계의 이야기에 뜻밖의 곤란한 결과를 가져왔다. 1910년대와 1920년대는 물리학자들에게 격렬한 흥분의 시기였다. 양자세계의 수수께끼가 너무나 마음을 홀려서 그들 대부분은 중간세계를 팽개쳤다. 그들은 아원자 세계로 내려갔고 양자의 비밀을 찾아서 돌진했다.

새로운 아원자 신비는 거의 매일 발견되었고, 새로운 이론과 설명이 곧바로 등장했다. 프랑스의 루이 드브로이Louis de Broglie, 오스트리아

* 양자 행동의 통계수학이 완전하게 작용하더라도 오늘날까지 양자역학에 대한 만족스러운 개념적 해석은 전혀 존재하지 않는다. 아인슈타인은 그것을 결코 편하게 생각하지 않았다. 그가 통계학을 좋아하지 않기(그의 태도에 대한 흔한 오해) 때문이 아니라 양자역학이 왜 단일 전자가 통계적으로 행동하는지 말할 수 없기 때문이었다. 통계학의 목적은 사물을 세는 것이다. 그렇다면 전자나 광자에 있어서 통계학은 무엇을 세는 것일까?

의 에어빈 슈뢰딩거, 영국의 폴 디랙Paul Dirac, 이탈리아의 엔리코 페르미Enrico Fermi같이 놀라울 정도로 똑똑한 젊은 물리학자들이 끝없이 등장했으며, 또한 양자세계로 저돌적으로 뛰어들어 상상도 못할 보물들을 가지고 나타났다.•

그동안에 아인슈타인은 다른 방향으로 나아갔다. 그는 중간세계로부터 더 큰 거시세계로 올라갔다. 빛, 물질, 중력을 이해하려는 그의 위대한 추구에는 삼중주의 마지막 구성원인 중력에 관한 것이 여전히 부족했다. 1906년에서 1916년 사이에 그는 많은 사람들이 그의 가장 위대한 업적이라고 일컫는 일반상대성 이론을 발전시켰다. 그 이론에서 중력은 시공간의 모양으로 설명되었다. 그는 남은 생애 대부분을 세 가지를 하나로 전환하는 방법, 즉 빛, 물질, 중력을 함께 단일한 통일 이론으로 묶는 방법을 찾는 데 보냈다. 그 무렵 아인슈타인은 중간세계를 떠났다. 그리고 훨씬 뒤인 1940년대에 자서전을 쓰면서 아인슈타인은 자신이 브라운 운동에 관한 연구를 중요하지 않게 여겼던 것을 유감으로 생각했다.

페랭 이후 대부분의 물리학자들은 아원자를 좋아하게 되었지만, 아인슈타인은 결코 대중적 추종자가 아니어서 전체 우주를 좋아하게 되었고 결국 중간세계에 대한 관심은 사그라들었다. 끊임없이 춤추는 물체들이 있는 이상한 장소는 그렇게 최근까지도 원자의 실체와 물질의 성질을 증명하기 위해 그것을 이용했던 사람들에게서 곧 잊히게 되었다.

• 드브로이는 박사학위논문에서 '물질파' 아이디어를 제안했으며, 슈뢰딩거는 거기서 양자역학 이론에 대한 영감을 얻었다. 드브로이는 소르본 대학에서 공부했는데, 그의 박사학위 심사위원회에는 페랭과 랑주뱅도 포함되어 있었다.

그러나 이제 우주의 다른 필수적 성분에 대해 중요한 단서를 제공해주는 중간세계의 시기가 되었다.

물질에 대해서는 이쯤 해두자. 이제 생명의 시대가 되었다.

09

물질에서 생명으로

DNA에는 무언가 수상한 점이 있다.

데옥시리보핵산이라고 하는 DNA는 지구상 생명의 중심에 있는 분자다. DNA는 생명의 기억을 저장한다. 그것은 유전체(게놈)라고 하는 줄 형태의 화학물질로, 완전한 생물체가 번식하는 데 필요한 정보를 암호화하고 있다. 오늘날 우리는 식물, 생쥐, 원숭이, 사람을 비롯한 많은 생물의 완전한 유전체 결합 순서를 알고 있다.

DNA의 구조에 대한 최초의 설명은 영국의 케임브리지 대학에서 연구를 하던 영국인 프랜시스 크릭Francis Crick과 미국인 제임스 왓슨James Watson에 의해서 1953년에 〈네이처*Nature*〉에 발표되었다. 그들은 생물학 실험실이 아닌 물리학연구센터에서 연구를 하고 있었다. DNA 분자의 구조나 모양은 그것이 생물학적으로 하는 일과는 다르게 실제로 물리학이다.

크릭과 왓슨은 런던 킹스 대학에서 연구하던 모리스 윌킨스Maurice Wilkins와 로절린드 프랭클린Rosalind Franklin이 수집한 자료에서 올바른 길로 가는 단서를 찾아냈다. 윌킨스와 프랭클린은 화학 구조에 들어 있는 여러 원자에 의해서 X선이 회절된 간접적 사진을 얻었고 크릭과 왓슨은 여기에서 DNA 분자의 공간 배열이 꼬인 사다리라는 수학적으로 믿을 만한 '추론'에 도달했다. 즉 이것은 이중나선이었다.

그 결과 매우 기쁘게도 크릭, 왓슨, 윌킨스는 노벨상을 받았다.• 이들은 우리에게 근본적으로 현대 생물학과 유전학의 대부분을 전해주었다.

그럼에도 전체적인 연구에는 약간 부자연스러운 면이 있었다. 윌킨스와 프랭클린이 측정하고 크릭과 왓슨이 구조를 해명한 DNA는 살아 있지도 않고 움직이지도 않았다. 그런 X선 사진을 찍으려면 DNA는 움직이지 않아야 했다. 그것은 얼어붙은 생명이었다.

얼어붙은 나선, 흔들거리는 사슬

DNA의 구조는 이중나선이다. 그러나 그것이 DNA 분자에 대한 모든 것을 설명해줄 수 있을까?

노팅엄 대학의 과학자인 찰리 로턴Charlie Laughton 같은 사람에게 묻는다면 그 대답은 분명히 '아니오'일 것이다. 로턴과 그 연구진은 원자 크기로 된 DNA 컴퓨터 모형을 이용해 세포에서 DNA가 물 분자에 잠겨 있다는 사실을 고려하면서 분자가 물리적으로 어떻게 행동하는지 계산했다. 로턴의 동영상은, DNA가 칭송받기를 기다리며 새침

• 안타깝게도 프랭클린은 37살의 젊은 나이에 암으로 사망하여 노벨상을 받지 못했다.

하게 가만히 앉아 있는 것이 아니라 꼬이고 감기는 분자 야수 같다는 것을 보여주었다. 틀림없이 DNA는 살아 있고 움직였다. DNA는 가만히 있을 수가 없다.

그렇다면 왜 로턴의 DNA 모형과 많은 실제 생체 분자들은 크릭과 왓슨식으로 매우 얌전하고 정적인 구조가 아닐까? 알려진 바와 같이 생명은 대부분 중간세계에서 살고 있기 때문이다. 그 세계에서는 모든 것이 가만히 있을 수가 없다.

이 책에서 자주 이야기한 대로, 크기가 모든 것을 좌지우지한다. 그렇다면 DNA 분자는 얼마나 클까? 이것은 생각보다 미묘한 질문이다. 대부분의 사람들에게 전형적인 '분자'의 크기를 물어보면 그들은 예를 들면 수소 원자 두 개와 산소 원자 한 개로 된 물 분자 같이 원자보다 약간 더 큰 것을 생각할 것이다. 그것의 지름은 1나노미터의 10분의 1 정도다. 다시 말해서 작다. 실제로 중간세계의 물질이 아니다.

그러나 분자가 꼭 작을 필요는 없다. 어떤 의미에서 DNA는 거인이다. 그것은 화학물질('염기'라고 한다.)로 된 사슬로서, 풀어놓는다면 길이가 최대 1밀리미터에까지 이른다.

DNA는 세포핵 안에 저장되면 매우 복잡하게 공 모양으로 감긴다. 보풀이 감긴 것 같은 구로서 지름이 수십 나노미터 정도다. DNA는 물에 둘러싸여 있다. 간단히 말해서 DNA는 중간세계의 거주자다.

당연히 그것은 실제로 얼어붙어 있는 나선이 아니다. 크릭과 왓슨의 DNA 구조는 우리 머릿속에 DNA가 아름다운 화학 조각품으로 그려지도록 잘못된 인상을 심는 데 일조했다. 하지만 크릭과 왓슨의 구조가 틀린 것은 아니다. 다만 불완전할 뿐이다. 만일 DNA가 조각이라면 그것은 살아 있고 변화하며 끊임없이 움직이는 조각이다.

DNA의 단위체인 염기들이 여러 개 모여서 커지면 그 구조는 유명한 이중나선이 된다. 이 크기에서 화학적 상호작용은 물 분자들의 공격, 다시 말해서 필연적인 브라운 운동의 마구잡이식 움직임에도 견딜 수 있을 정도로 강해진다. 이것은 유전 기억을 보호하는 DNA의 목적에 매우 중요하다. 염기 서열이 작은 크기에서 안정하지 않다면, 그것이 계속 떨어져서 재배열된다면, 유전 정보는 믿을 만하게 저장될 수 없을 것이다. 진화는 작용하지 못하고 우리가 여기에 있지도 못할 것이다. 따라서 크릭과 왓슨의 이중나선을 환호하며 맞이해야 한다.

그러나 수십 수백 개의 염기 서열로 된 큰 크기에서 염기들 사이의 지역적 화학 상호작용의 효과는 점점 약해진다. 이런 크기에서는 DNA 사슬이 주위에서 공격하는 물 분자보다 훨씬 더 커서 분자의 일부분은 브라운 운동의 지배를 받으며 어쩔 수 없이 진동을 하고 좌충우돌한다.

DNA가 생명의 심장이라면 이 심장은 영원히 끊임없이 움직이고 있다.

중간세계가 살아나다

생명은 DNA에 관한 것만은 아니다. 생명의 근본이 되는 많은 다른 과정과 분자 들이 있으며, 과학자들은 중간세계의 행동이 그 열쇠를 가지고 있다는 것을 깨닫기 시작했다.

우리가 아는 한 생명의 기본은 세포다. 기관은 세포로 구성된다.

세포는 막 안에 물이 채워진 칸이다. 그렇게 칸으로 구분되는 것은 지역적으로 조종되는 환경을 만드는 데 매우 중요하며, 거기에서 생물의 전체적 기능에 필요한 과정들이 어떤 질서 있는 방식으로 일어날 수 있다. 세포는 외부 세계로부터 막으로 보호된 일종의 도시다. 옛 중세 도시의 성곽처럼 막은 원치 않는 물질들이 들어오는 것을 막고 중요한 것을 들어오게 한다.

세포 도시의 시민은 누구일까? 물론 물이 있다. 물에 녹아 있는 이온과 염, 칼슘, 마그네슘, 아연, 칼륨 그리고 예를 들면 화학적 신호로 작용하여 세포 활성의 조종을 촉발하는 구실을 하는 다른 것들이 있다. 또 세포는 전형적으로 수백에서 수천 개의 원자로 된 더 복잡한 분자들도 많이 포함하고 있다. 이런 거대 분자에는 단백질, 효소, DNA와 그 사촌인 RNA, 분자 모터 들이 포함된다. 이런 거대 분자는 지름이 몇 나노미터에서 1마이크로미터 사이가 된다.

요약하면 세포는 물에 퍼져 있는 중간세계 크기의 물체들로 가득 차 있다. 세포에서 브라운 운동은 어디에나 존재한다.• 필연적인 움직임은 생명의 기본 메커니즘을 위한 거대하고 피할 수 없는 결과다.

그러나 우선 약간 덜 중대한 다른 것에 대해 이야기하고자 한다. 그것은 플라스틱이다.

• 박테리아와, 꼭 살아 있다고는 할 수 없는 바이러스 같은 몇몇 세포는 그 자체가 중간세계 크기로 충분히 작다.

10

중간세계 사슬

플라스틱은 나쁜 인상을 준다. 진짜 양모 대신에 합성섬유, 도자기 대신에 터퍼웨어Tupperware®•, 가죽 대신에 비닐과 같이, 플라스틱은 '가짜'의 동의어가 되었다. 그러나 좋든 싫든 플라스틱은 매우 중요한 재료다. 이것은 20세기의 물질로, 베이클라이트는 대중에게 디자인을 가져다주었고 셀락과 비닐••은 가정에 음악을, 나일론은 주부들에게 좀 더 우아한 의상을 누릴 수 있는 기회를 주었다.

그리고 금속 같은 재료로는 어렵고 위험한 일을 플라스틱으로는 훨씬 쉽게 할 수 있다. 플라스틱은 낮은 온도에서 녹여서 주형에 부을 수 있고, 금속보다 훨씬 더 쉽게 감거나 늘리거나 쭈그러뜨릴 수

• 역주: 조리·보관 기능을 가진 플라스틱 주방용품 브랜드.

•• 역주: 셀락(곤충 분비물에서 얻어지는 천연수지의 일종)과 비닐은 LP 레코드판의 제조에 사용된다.

있다. 또 가볍지만 강한 발포형으로 늘릴 수도 있고 고체로 굳힐 수도 있다. 그리고 방탄조끼만큼 단단하게 만들 수도 있다. 플라스틱은 가벼워서 쉽게 운송할 수 있으며, 분해하기 어렵다는 평판에도 불구하고 실제로는 비교적 쉽게 재사용하고 재생할 수 있다.

더욱이 플라스틱은 생명의 분자인 DNA와 놀랍도록 많은 공통점이 있다. DNA, 단백질, 플라스틱은 모두 분자 사슬, 즉 중합체다.• 중합체의 모든 놀라운 다양성은 그것들이 중간세계의 거주자이기 때문에 가능하다.

화학이 중간세계를 발견하다

1920년대 초반에 화학자들은 여전히 분자를 기껏해야 몇 개의 원자들이 조립된 작은 것으로 생각했다. 이런 원자들은 서로 너무 가까이 결합해 있기 때문에(원자 '결합'은 매우 짧다.) 분자는 원자 자체보다 그리 크지 않았다. 분명히 그것들은 장 페랭Jean Perrin이 겨우 10여 년 전에 정성들여 측정한 브라운 입자보다 훨씬 작았다. 분자 화학과 중간세계는 서로 아무 관련이 없는 것처럼 보였다. 아무튼 양자 물리학은 전자 궤도함수와 양자 에너지 전이를 이용하여 작은 분자의 화학을 설명하려고 바쁘게 수학을 구성하고 있었다. 하지만 중간세계 화학은 상상력이 매우 풍부한 양자역학의 눈에는 희미하게라도 보이지 않았다.

독일의 화학자인 헤르만 슈타우딩거Hermann Staudinger는 1920년대 중반에 최초로 분자들이 훨씬 더 클 수 있다고 제안했다. 슈타우딩거는

• 중합체는 단지 여러 부분으로 된 분자를 의미한다. 많은 단위체가 모여서 중합체가 된다.

흔히 생각할 수 없는 것에서부터 이런 생각을 하게 되었다. 모든 화학자들은 가끔 반응용기 바닥에 껌 같은 찌꺼기가 만들어지면 반응이 좀 잘못되어가는 경향이 있다는 것을 알고 있었다. 그는 이 찌꺼기가 실제로 긴 사슬 뭉치가 될 수 있다고 제안했다. 거대 분자는 조절할 수 없는 화학의 생성물이었다.

화학자들은 탄소 원자들이, 예를 들면 여섯 개의 탄소로 된 벤젠과 같은 고리 모양의 분자를 잘 만든다는 것을 알고 있었다. 반응에서 짧은 탄소 사슬이 형성되면 자체적으로 구부러져 끝이 이어져서 작은 고리를 만든다.

슈타우딩거는 성장 중인 사슬이 고리를 만들 기회를 얻지 못하고 계속 성장하여 더 길어지면 어떤 일이 일어날지 궁금했다. 탄소에 이어서 탄소 그리고 또 탄소 이렇게 계속되면 곧 사슬은 매우 길어져서 안정한 고리를 형성할 수 없었을 것이다. 그런 '중합체'는 수백만에 이르는 많은 수의 원자를 포함할 수도 있었다.

갑자기 화학은 더는 원자 세계에만 머무를 수 없게 되었다. 이런 사슬들 혹은 중합체와 함께 화학이 중간세계로 밀려 들어왔다.

탄소 원자는 다른 원자들과 4개의 결합을 형성할 수 있기 때문에 탄소는 특히 사슬을 만들기에 좋다. 그중 두 결합이 수소, 산소 또는 질소 같은 다른 원자들과 연결되고 두 결합이 다른 탄소들과 연결되면 중합체 사슬에 있는 결합을 형성할 수 있다. 이 때문에 탄소는 화학적으로 매우 재주가 많다. 탄소는 메탄(탄소 1개와 수소 4개, 즉 CH_4)과 같은 작은 분자에서부터 사슬에 수십 개의 탄소를 가진 좀 짧은 사슬(예를 들면, 20개의 탄소가 서로 사슬로 연결되고 나머지 두 팔이 수소들과 결합한 $C_{20}H_{42}$), 수백만 개의 원자를 가진 플라스틱인 폴리스타이렌 같은 거대 중합체까지 모든 것을 형성할 수 있다.

슈타우딩거가 그의 생각을 인정받아 화학을 확립하는 데는 10년이 걸렸다. 실제로 1953년에야 그는 노벨상을 받을 수 있었다. 그때는 기술이 어쨌든 과학을 추월한 상태였다. 이미 화학공학자들은 순수 화학자들이 그것을 믿건 말건 긴 사슬 분자를 만들어 이용하고 있었다. 공학자들은 플라스틱을 만들고 있었다.

중간세계의 플라스틱 공학

플라스틱의 다양성 중 많은 부분은 긴 사슬 같은 본질에서 직접적으로 생겨난다. 중합체 분자의 초기 이론들은 중합체를 딱딱한 것으로 생각했다. 마른 스파게티와 같이 기다랗고 직선인 막대로 생각했다. 그러나 중합체는 브라운 운동을 할 정도로 크고, 주위 다른 분자들의 충돌을 받으므로 딱딱한 성질은 없어진다. 중합체는 꿈틀거리는 유연한 줄과 같다.

중합체는 작은 분자나 딱딱한 분자가 할 수 없는 일을 한다. 중합체는 유연하고 뒤틀리기 때문에 복잡하게 얽힌다. 컴퓨터나 전축 뒤에 늘어져 있는 전선들을 정리해보았다면 길고 유연한 전선들이 얼마나 잘 얽히는지 알 것이다. 이것은 플라스틱이 흐르는 방법에도 영향을 준다. 더 큰 힘을 줄수록 흐름이 쉬워지거나(사슬들의 얽힘이 어느 정도 풀리기 때문에) 어려워진다(흐름이 사슬들을 더 얽히게 하기 때문에).

플라스틱의 특징적인 유동성은 물과 같은 단순하고 작은 분자로 된 액체에서는 나타나지 않고 다양한 일상생활용품에서 영리하게 이용된다. 흐르지 않는 페인트가 한 예다. 페인트(물에 색소 입자가 녹은 용액)에 고분자를 넣으면, 페인트는 큰 힘을 가할 때(붓으로 벽에 바를 때)는 쉽게 흐르지만 중력과 같은 작은 힘을 받을 때는 흐르지 않게 된다(바른 후 벽에서 흘러내리지 않는다). 고분자는 붓질과 같은 큰 힘에는 얽힘을 풀게 작용하지만, 중력은 그것을 풀기에는 힘이 약하므로 페인트를 그 자리에 머물게 하여 흘러내리지 못하게 한다.

요구르트 같은 식품에도 숟가락과 입에서 흐르는 정도를 조절하고자 고분자 사슬을 첨가한다. 제조업자는 소비자 시험단의 판단에 따라서 고분자를 첨가하여 생산품의 형태를 조절한다. 물론 식품에서 고분자는 먹을 수 없는 플라스틱이 아니다. 대표적인 첨가물은 많은 식물의 기본 구성성분이 되는 긴 사슬의 고분자인 셀룰로스에서 유도되는 물질들이다.

샴푸의 성질도 비슷한 방법으로 긴 고분자 사슬을 첨가하여 처리된다.• 샴푸를 진하게 하는 고분자는 거품을 내기 전에 샴푸가 머리카락에서 흘러내리지 않게 해준다. 긴 사슬이 머리카락에 단단하게 달라붙으면 '컨디셔닝'을 더 쉽게 오랫동안 지속할 수 있다.

힘은 고분자 사슬의 얽힘뿐 아니라 모양도 쉽게 변화시킨다. 이런 것은 작은 분자들에서는 훨씬 더 어렵다. 고무나 합성 고무 같은 고분자 재료 하나를 잡아당기면 감겨 있던 유연한 사슬들이 비교적 쉽게 늘어난다. 꾸불거리는 사슬을 펴는 것은 강한 화학결합을 분해하는 것이 아니라 단지 고분자를 재배열하는 것이며, 따라서 일상생

• 샴푸의 어떤 사슬 분자 형태는 벌레라고 불리기도 하지만, 샴푸 회사들은 판매에서 그런 말을 전혀 사용하지 않는다.

활의 힘으로도 그것을 할 수 있다. 반면에 펴진 채로 유지되는 것은 꾸불거리는 자유가 줄어드는 것이므로 사슬은 그렇게 펴진 상태로 있으려 하지 않는다.• 그렇기 때문에 내버려둔다면 사슬들은 곧바로 뒤얽힌 상태로 돌아간다. 고무는 탄력적으로 원래 길이로 돌아간다.

고체 플라스틱은 금속보다 훨씬 낮은 온도에서 녹는다. 고분자 사슬의 커다란 크기와 유연성은 그것이 금속과 같이 촘촘하게 결합한 원자 크기의 결정으로 쌓이지 않는다는 것을 의미한다. 그래서 전자 부품에서 자동차 부품이나 장난감 혹은 포장 상자에 이르기까지 모든 것을 플라스틱으로 만드는 것이 더 쉽고, 더 싸고, 더 안전하다.

이런 종류의 중간세계 사슬 기술은 1940년대 이후 어느 곳에나 퍼져 있다. 샴푸와 요구르트가 우리 손에 들어오기까지 많은 R&D 기술자들은 그 조성 때문에 골치를 앓았을 것이다. 4개의 팔을 가진 탄소 원자로 된, 기다랗고 뒤엉킨 사슬들은 이제 어디에나 있다. 예를 들면 플라스틱, 화장품, 식품, 섬유, 눌어붙지 않는 코팅, 흐르지 않는 페인트, 늘어나는 고무밴드, 폴리스타이렌 포장재, 퍼스펙스(투명 아크릴) 유리창은 물론 나일론 스타킹에도 있다. 수많은 기술자들이 처음부터 일해온 중간세계를, 20세기의 과학자들은 전혀 알아채지 못했다.

고분자 수학과 마구 걷기

기술에 대해서는 이쯤 해두고, 그렇다면 고분자의 이론은 어떤가?

• 열역학 용어로 말하자면, 엉키고 꿈틀거리고 무질서한 사슬은 직선형 사슬보다 더 높은 엔트로피를 가진다. 직선형 사슬을 만드는 방법은 한 가지밖에 없다(더 낮은 엔트로피 상태). 따라서 그냥 놔두면 사슬은 가장 자연스러운 상태인 감긴 상태로 있는다(더 높은 엔트로피 상태).

1950년대에 화학자들은, 파리의 증권시장은 말할 것도 없고 유연하고 꾸불거리는 고분자 사슬과 춤추는 꽃가루 사이에 직접적인 수학적 연관이 있다는 것을 깨닫기 시작했다. 그것은 마구 걷기였다. 화학자들은 아무 방향으로나 계속해서 뛰는 마구 걷기에 대한 생각이 유연한 고분자 사슬에도 마찬가지로 적용될 수 있다는 것을 알아냈다.

이 생각은 주로 미국의 화학자인 폴 플로리Paul Flory의 영감이었다. 1940년대에 플로리는 원래 미국의 듀폰 사에서 나일론 발명자로 유명한 월리스 캐러더스Wallace Carothers 밑에서 일하고 있었다. 나일론은 최초의 합성섬유, 즉 플라스틱의 한 종류였다.

플로리는 고분자에 대해 좀 더 추상적인 모양에 도달했다. 그는 고분자를 자전거 체인처럼 연결된 서열로 생각했다. 각 연결은 탄소원자들의 화학결합으로 튼튼하기 때문에, 사슬은 분해되지 않는다. 그러나 각 연결은 마구잡이 방향으로 뒤틀리거나 구부러질 수 있다. 플로리는 연결에서 연결로 나아가면 브라운 입자가 나타내는 마구잡이 방향의 뛰기와 같아질 것이라고 했다. 고분자의 연결과 연결을 따라서 걷다 보면 브라운 입자의 경로와 같은 마구 걷기가 될 것이다.

이런 고분자의 행동을 이해하려면 통계수학이 필요하다는 것이 갑자기 알려지면서 이전에 준비되어 있던 통계수학이 그 역할을 담당하기 시작했다.

또 플로리는 고분자의 전체 모양을 정해주는 것이 무엇인가에 대해 깊이 생각했다. 그것은 대부분 기다란 실처럼 엉켜 있을까, 아니면 공처럼 말려 있을까? 플로리는 그 열쇠가 연결들이 어떻게 환경과 상호작용하는가에 달렸다는 것을 깨달았다. 많은 실제적 상황에서 고분자는 물과 같은 용매에 담겨 있다(샴푸나 요구르트의 사슬들이 이런 경우다). 플로리는 고분자가 모양이 기다란 줄 형태든지 단단하게 감긴 공 형태든지, 연결들이 용매 분자와 상호작용하는 방법과 다른 사슬 연결들과 상호작용하는 방법 사이의 경쟁에 의해서 결정된다고 했다.

말하자면 고분자 연결들과 용매 사이에 화학적 반발력이 있다면 사슬은 감겨서 용매에 노출되는 것을 줄이려고 한다. 반면에 용매 분자와 사슬 연결 사이에 인력이 있다면 사슬은 느슨하게 풀어져서 부풀어 오르고 용매와 될 수 있는 대로 잘 섞이게 된다. 화학적 상호작용은, 사슬이 댄스파티의 비사교적이고 내향적인 붙박이 인물이 될지 아니면 사교적이고 열성적인 교제가가 될지를 결정한다.

플로리는 간단한 마구 걷기의 경우가, 고분자 연결들과 용매가 서로 상호작용하는 것과 자신들끼리 상호작용하는 것이 정확하게 같은 특이한 균형점을 나타낸다는 것을 증명했다. 이 균형점에서 사슬의 연결은 다른 연결과 용매 분자를 구별할 수 없다. 그것은 양쪽에 똑같게 이끌린다(또는 반발한다).

고분자와 용매 사이의 상호작용 세기는 온도에 따라 변하기 때문에 고분자가 플로리의 이상 균형점에 얼마나 가까운가 하는 정도는 간단하게 온도를 통해 조절할 수 있다. 이상 균형점에서 모든 상호작용은 똑같아서 상쇄가 된다. 이 중요한 이론적 돌파구는 훨씬 발전되고 지적인 고분자 공학을 만들어냈다. 고분자 모양과 생산품의 질을 조절하고자 실험과 제조 과정에서 이제 온도를 이용할 수 있게 되었다. 기다랗게 엉킨 실을 얻을 것인가, 보푸라기가 많은 공을 얻을 것인가 또는 단단하게 뭉친 감긴 덩어리를 얻을 것인가를 조절할 수 있게 된 것이다.

플로리는 고분자에 대한 이러한 기초적인 연구로 1974년에 노벨 화학상을 받았다. 마침내 플라스틱이 중간세계의 과학과 기술에서 제자리를 차지하게 되었다.

플라스틱 기술자들이 중간세계 고분자 화학을 점점 더 현명하게 이용하고 있는 동안 다른 과학자들은 더 복잡한 형태의 탄소 사슬을 자세히 조사하기 시작했다. 그것은 단백질이었다.

생명의 고분자

탄소 원자의 사슬인 대부분의 플라스틱과는 달리 단백질 사슬의 '단위'는 그 자체가 아미노산이라는 복잡한 화학물질 분자다. 단백질은 수천 개의 아미노산으로 구성될 수 있다. 이런 사슬 단위들 사이의 화학적 상호작용은 단일 탄소 원자들 사이의 상호작용보다 훨씬 더 복잡하므로 단백질은 플라스틱에 비하면 화학적으로 더 복잡한 새로운 세계를 나타낸다.

단백질 구조에 대한 최초의 설명은 케임브리지 대학의 캐번디시 연구소에서 나왔다. 이곳은 바로 왓슨과 크릭이 DNA 이중나선을 연구한 곳이다. 참여한 주요 과학자들 중에는 크릭과 왓슨의 직속상관이었던 막스 페루츠Max Perutz가 있었다. 그는 전 생애를 혈액 단백질인 헤모글로빈 연구에 바쳤다. 페루츠의 동료인 존 켄드루John Kendrew는 헤모글로빈과 유사한 미오글로빈을 연구했다. 미오글로빈은 근육에 있으며 근육 세포에서 산소를 운반하고 저장한다.

크릭과 왓슨이 DNA에 대해 한 일을 페루츠와 켄드루는 단백질에 대해 했다. 그들은 최초로 이 '초플라스틱', 즉 생명의 고분자에 대한 믿을 만한 구조를 밝혀냈다.

페루츠는 볼츠만처럼 오스트리아 빈에서 성장했다. 그는 처음 선택했던 법학보다도 화학을 훨씬 더 연구하고 싶다고 부모를 설득했다. 이는 과학계로서는 다행스러운 일이었다. 1936년에 물질에 X선을 쏘아서 원자의 배열을 측정할 수 있다는 생각에 영감을 얻은 페루츠는 캐번디시 연구소에서 박사학위를 받을 연구를 하기 위해 오스트리아를 떠났다.

그 당시 X선 구조 연구진의 책임자는 토론을 좋아하는 마르크스주의자이자 자유연애 지지자이며 괴짜 천재인 버널J. D. Bernal이었다. 학부생이었을 때 버널은 '그리스도의 12사도'라는 배타적인 지식인 집단에 가입했다. 거기에는 나중에 영국 첩보부의 오점이며 KGB의 가장 악명 높은 간첩으로 밝혀진 킴 필비Kim Philby도 속해 있었다. 케임브리지 대학에서 버널의 별명은 '현인'이었는데 그가 '모든 것을 알고' 있었기 때문이었다.

그럼에도 그는 성과미달자라는 평판을 받았다. 그는 여러 아이디어들을 진행했지만 일을 끝까지 철저하게 수행한 적이 없었다. '현인' 버널은 구조생물학의 기초 과학을 형성하는 데 중요한 역할을 했다. 최초로 아미노산, 스테로이드, 단백질과 바이러스에 대한 적절한 X선 연구를 했다. 그의 제자에는 페루츠뿐 아니라 도러시 크로우풋Dorothy Crowfoot도 포함되어 있었다. 그녀는 호르몬인 인슐린의 구조를 1935년에 결정했는데, 그것은 당뇨병 치료를 위해 최초로 대량 정제된 것이었다.

버널은 1930년대에 X선 산란을 이용해 단백질 구조를 결정하려고 최초로 시도한 사람이었다. 하지만 그 결과는 신통치가 않았는데 단백질은 나중에 왓슨과 크릭이 집중한 DNA보다 상당히 더 복잡하기 때문에 당연한 결과였다. 그러나 버널의 새로운 대학원생이었던 페루츠는 이것에 대단한 끈기를 발휘했다. 1937년에 박사학위를 위한 연구를 시작할 때만 해도 페루츠는 완벽한 원자 수준의 단백질 구조 연구가 30년이나 걸릴 줄은 생각도 하지 못했다.

구조를 결정하는 기술이 천천히 개량되고 순수한 단백질 시료를 얻는 데 필요한 생화학 기술도 진보했다. 페루츠는 말의 헤모글로빈 시료로부터 좋은 결과를 얻을 수 있다는 것을 알게 되었다. 이 헤모글로빈은 사람의 것과 마찬가지로 폐에서 산소를 얻어 혈액을 통해서 신체의 나머지 부분에 분배했다.

왜 말의 헤모글로빈이었을까? 그 당시에는 성공을 위하여 가장 좋은 후보 물질을 찾는 것이 문제였다. 단백질은 원자 수준에서는 너무 복잡하기 때문에, X선 실험에 필요한 충분한 양을 마련하는 어려움은 말할 것도 없고• 아무도 어떤 단백질인가에 대해서는 깊이 생각하지 않았다. 1937년 당시까지 완전하게 해결된 가장 큰 분자는 색소인 프탈로시아닌Phthalocyanine이었다. 그것은 58개의 원자로 구성되어 있었다. 그러나 말의 헤모글로빈은 11,000개의 원자로 구성되어 있었다.

• DNA의 경우처럼 X선 회절로 단백질 구조를 결정하려면 단백질 결정을 만드는 매우 어려운 일이 뒤따른다. 결정에서는 분자들이 규칙적으로 배열되어서 구분되는 측정값을 내놓을 정도로 강하게 X선 신호가 보강된다.

한편 페루츠의 동료인 켄드루는 산소를 근육으로 전달하는 단백질인 미오글로빈에 몰두하고 있었다. 미오글로빈은 단백질 중 가장 단순한 것에 속한다는 주장이 있었다. 나중에 보게 되겠지만, 많은 과학자들도 최신 결과에 의해서 그런 평온한 만족감이 깨지기 전까지는 그렇게 생각했다. 켄드루는 버널과 함께 제2차 세계대전 중 미얀마 전선에 있는 동안 그와 이야기를 나누면서 비로소 단백질에 관심을 두게 되었다.•

전쟁 후 1940년대 후반과 1950년대 전반에 캐번디시 연구소의 X선 연구진과 나중에 페루츠에 의해서 새로이 계획된 의학연구소의 연구진은 실험 기술을 향상시키는 데 많은 시간을 보냈다. 이것은 빠르게 발전하는 과학이나 우연한 실험 실수에 의해서 생기는 놀라운 결과물이 아니었다. 꾸준하고 열성적인 중노동이었다. 오랫동안 많은 구경꾼들은 페루츠와 켄드루의 탐구가 거의 희망이 없다고 생각했다. '현인' 버널이 런던 대학으로 옮긴 후 페루츠의 상관이 된 로런스 브래그Lawrence Bragg는 페루츠가 헤모글로빈의 구조를 찾아낼 확률을 '거의 영'으로 보았다고 사적으로 인정했다.

페루츠와 켄드루는 크릭, 왓슨, 윌킨스가 노벨상을 받은 같은 해에 단백질의 구조 결정에 대한 선구적인 업적으로 노벨상을 공동 수상해 마침내 보상을 받았다.•• 이것은 페루츠의 첫 실험 후 거의 30년이

• 제2차 세계대전 중 영국 당국은 오스트리아 출신의 페루츠를 '탐탁지 않은 외국인 체류자'로 간주했다. 1940년대에 그는 캐나다로 보내졌고, 1년 후 당국은 태도가 완화되어 페루츠를 영국으로 돌아오게 했다. 그는 결국 빙산을 비행기 운반선으로 이용하는 전쟁 비밀 계획에 참여하게 되었다.

•• 역주: 1962년에 크릭, 왓슨, 윌킨스는 '생물체에서 핵산의 분자 구조와 그것의 정보 전달에 대한 중요성에 관한 발견'으로 노벨 생리의학상을 받았고, 페루츠와 켄드루는 '구형 단백질의 구조에 관한 연구'로 노벨 화학상을 받았다.

지난 1962년의 일이었다. 심지어 그때에도 연구는 완성되지 못했다. 헤모글로빈의 정확한 구조는 실제로 1968년이 되어서야 발표되었다.

이런 모든 연구의 중요한 성과들 중 한 가지는 놀랍게도 단백질이 실제로 플라스틱의 복잡성 연구에 커다란 발전을 가져온 것이었다. 단백질 구조는 간단한 플라스틱 사슬의 마구 걷기보다 훨씬 더 복잡하다는 것이 밝혀졌다. 단백질의 각 아미노산은 그 자체가 이미 복잡한 화학물질이다. 따라서 단백질 사슬에서 아미노산들을 연결하면 매우 복잡한 상호작용들이 생긴다. 그런 상호작용들과 단백질 환경과의 상호작용들 사이의 균형에서 구조 복잡성은 매우 커진다.

이것은 매우 중요한 복잡성이다. 과학자들은 그런 최초의 구조 결정에 이어서 오랜 시간 이 복잡성에 따라서 단백질이 생물에서 그런 광범위하고 정확한 화학적 기능들을 수행하는 능력이 달라진다는 것을 천천히 알게 되었다. 우리가 존재하는 것도 단백질 사슬들에서 일어나는 이런 상호작용들 균형 덕분이다. 그것이 없다면 단백질은 플라스틱 덩어리와 마찬가지로 더는 생명을 지탱할 수 없는, 쓸모없이 얽힌 원자 덩어리에 불과할 것이다.

그러나 여전히 무언가가 빠져 있다. 화학이 그렇게 아주 복잡하지는 않다고 하더라도 역시 흔들림 문제가 존재한다. 고분자와 마찬가지로 단백질은 세포에서 물로 둘러싸인 중간세계 크기의 물체다. 단백질은 가만히 서 있지 못한다. 화학뿐 아니라 운동도 중요하다.

동적 단백질: 이상적 분자 vs '싫다고 발버둥치는' 분자

단백질은 세포에서 필요한 임무들을 대부분 수행한다. 단백질은 주위의 화학적 짐cargo을 운반하는 모터이며, 중요한 화학 반응을 촉매하는 효소다. 또 DNA를 복제하는 기계이며, 세포막을 가로질러 오가는 교통을 조절하는 펌프 등으로 작용한다. 심지어 단백질은 유전암호를 읽고 전사하여 다른 단백질도 만든다.

단백질은 생명의 기계다. 그것은 기능을 수행하기 위해서 운동을 해야 하며, 또한 중간세계의 거주자로서 어찌되었든 운동해야 한다. 모양뿐 아니라 운동도 현대 단백질 과학의 도전거리다. 생화학자인 그레고리오 웨버Gregorio Weber는 1975년에, 단백질은 X선 구조 연구에서 사랑을 받는 '이상적' 분자가 아니라 '싫다고 발버둥치는' 화학적 야수라고 적었다.

단백질 운동 실험의 선구자 중 한 사람은 미국의 한스 프라우엔펠더Hans Frauenfelder다. 1960년대 후반에 프라우엔펠더는 생체분자 구조결정학회에서 최초로 단백질 운동에 대해 관심을 갖게 되었다. 그는 참석한 대표들에게 다음의 질문을 하고 돌아다녔다. '단백질 구조와 함께 운동도 측정한다면 어떻게 될까?'

그들은 잊으라고 말했다. 그것은 너무 어려운 문제였다.

프라우엔펠더는 호기심이 생겨서 운동하는 단백질을 어떻게든 살펴보려고 연구를 시작했다. 켄드루와 마찬가지로 프라우엔펠더는 실험의 가장 간단한 후보로 미오글로빈을 선택했다. 그 당시 단백질의 어떤 부분이 운동하는 것을 직접 관찰하기는 불가능했다. 미오글로빈은 안쪽에 철 원자가 파묻혀 있다는 점이 유리했다. 이 철은 미오글로빈 기능의 중심이었다. 산소는 철에 결합하여 운반되고 필요한 때 필요한 곳에서 방출된다. 프라우엔펠더는 산소 분자가 중심에 묻혀 있는 철 원자에 도달하기 위해 단백질로 들어가는 방법이 단백질 구조 자체가 운동하고 이동하는 방법을 측정하는 간접적 경로가 된다는 것을 알았다.

어떤 종류의 단백질 움직임과 모양 변화는 분명히 기능에 중요했다. 역설적이게도 결정된 미오글로빈 구조는 철 원자가 사슬의 뒤틀림과 꼬임에 의해서 완전히 파묻혀 있다는 것을 보여주었다. 따라서 산소 같은 분자가 그곳에 들어갈 방법이 없었다.

산소가 단백질로 들어가 철에 접근할 수 있는 한 가지 방법은 사슬의 부분들이 계속 움직여서 일시적으로 산소 크기만 한 통로를 여는 것이었다. 미오글로빈 분자의 중간세계 춤은 그것이 작용하는 방법의 비밀이었다.

프라우엔펠더가 최초로 구상한 실험은 직접적이었다. 제자리에 짐이 결합된 미오글로빈이 있다면 그 짐 분자를 단백질로부터 떼어놓는 것이었다. 그다음에 짐이 철 원자를 찾아내서 다시 결합하는 것과 같은 이동 방법을 살펴본다. 그 과정에서 짐이 제자리를 '찾아서' 다시 결합하면서, 주변의 단백질이 어떻게 이동하는지가 간접적으로 확인될 것이다.

단백질로부터 짐을 떼어놓기 위하여 프라우엔펠더 연구진은 섬광광분해라는 기술을 이용했다. 적당한 진동수를 적용한 레이저 섬광에서 나오는 에너지로 철과 짐 분자 사이의 화학결합을 분해했다.

프라우엔펠더가 선택한 짐은 미오글로빈의 정상적인 짐인 산소가 아니라 일산화탄소였다. 이것은 구조 결정에 산소보다 더 좋은 후보였다. 정상적인 조건에서 산소는 스스로 결합하고 분해할 수 있어서 결과에 혼동을 일으킬 수 있었다. 일산화탄소는 일단 결합하면 레이저 섬광으로만 분해될 수 있었다(미오글로빈과 헤모글로빈에서 분해되지 않으려는 일산화탄소의 성질 때문에 가스 중독은 치명적이 된다. 일산화탄소가 혈액과 조직에서 산소를 대신하여 결합하면 그것을 제거할 수 없다. 산소 공급계가 파괴되고 세포는 에너지가 부족해서 죽는다. 환자는 질식 상태가 된다).

1970년대 초반에 이미 프라우엔펠더와 대학원생으로 구성된 연구진은 실험을 계획하고 실행했다. 그들은 이 겉보기에는 매우 '간단한' 단백질의 내부 운동에서 예상치 못한 복잡성을 찾아냈다. 그들이 발견한 바로는 미오글로빈 단백질은 약간 다른 형태를 많이 띠고 있었다. 즉 그것들은 모양과 원자의 공간 배열이 약간씩 달랐다. 단백질은 꿈틀거리고 덜걱대면서 계속해서 이 모양 저 모양으로 형태를 바꾸었다.

더욱이 프라우엔펠더 연구진과 다른 연구진은 여러 형태에서 단백질의 반응 행동을 비교해 단백질의 정확한 모양이 기능에 큰 영향을 준다는 것을 알아냈다. 단백질이 할 수 있는 일과 그 일을 하는 방법은 사슬의 상세한 모양에 따라서 민감하게 변한다. 2001년에야 이런 '모양이 기능을 결정하는' 효과의 단적인 예가 발견되었다. 즉 미오글로빈이 흔히 산소 운반 가방으로 작용하는 것과는 아주 다른 기능을 할 수 있다는 것이 밝혀졌다. 산성 조건에서 미오글로빈은 모양이 변하고, 아질산 이온을 생산하는 화학 반응의 촉매가 된다. 심지어 교과서에 실린 간단한 단백질도 환경에 따라 반응하는 모양에 의해 그 기능이 정확하게 결정되는 다목적 분자라는 것이 밝혀졌다.

프라우엔펠더 연구진은 미오글로빈 단백질의 운동 중 일부가 주위 물 분자와의 충돌에 의해서 직접적으로 일어난다는 것을 밝혀냈다. 연구진은 본질적으로 브라운 운동의 직접적 모습을 본 것이었다. 그것은 이제 꽃가루 입자나 등황藤黃의 구가 아닌 복잡한 기능성 분자에서 일어난 것이었다.

그 실험은 움직임이 미오글로빈을 작동하게 한다는 것을 직접 보여주었다. 산소가 들어갈 통로가 없는 모순에 대한 해법이었다. 물 분자들의 충돌에서 사슬이 꿈틀거리는 가운데 단백질은 가능한 형태들로 끊임없이 변한다. 이런 형태들 중 몇몇은 일시적으로 산소 같은 짐 분자가 뚫고 들어가서 파묻힌 철에 도달할 수 있는 통로를 포함하고 있다.

단백질의 기능은 화학적 안무와 브라운 운동 기회 사이에서 매우 복잡한 균형을 이루는 것이라고 밝혀졌다. 실제로 화학적 규칙과 브라운 운동의 마구잡이 사이의 균형은 아마도 중간세계 화학과 생물학의 근본적인 주제일 것이다.

단백질 운동을 30년 동안 연구한 후 프라우엔펠더는 현재 미국의 뉴멕시코 주에 있는 로스앨러모스 연구소에서 명예연구원으로 일하고 있다. 그는 나이가 약간 들기는 했지만 여전히 활기차다. 지금도 생화학 교과서들은 흔히 모든 분자생물학에 동적인 격렬한 움직임보다는 정적인 조각으로 된 매우 안정된 인상을 주고 있어서, 그를 포함한 다른 단백질 동력론자들을 실망시키고 있다. 프라우엔펠더는 30년이 넘는 연구 기간 동안, 단백질 운동이 단백질 기능에 얼마나 중요한지를 직접적으로 경험했다.

작동하는 형태들의 변동은 단백질 이야기의 일부에 지나지 않는다. 아마도 단백질이 어떻게 단번에 가장 유용한 형태를 찾는가 하는 것이 지난 수십 년 동안 연구한 가장 커다란 의문일 것이다. 수천 개의 원자로 이루어진 느슨하고 호리호리한 줄 형태가 만들어낸 복잡한 중간세계 사슬이 어떻게 세포의 가장 효율적인 도구로서 스스로 모양을 만들까? 이것이 소위 '접힘'의 문제다. 항상 움직이는 중간세계가 바로 그 중심에 있는 단백질 과학의 성배다.

중간세계의 분자 종이접기

단백질은 아미노산들의 기다란 사슬이다. 그러나 작동 중인 단백질은 세포에서 특수한 임무를 수행할 수 있게 해주는, 정확하게 정해진 나선 구조와 같은 매우 특별한 모양이다. 단백질이 기다란 직선의 아미노산 사슬로부터 시작해서 정확한 모양을 취하는 방법을 단백질 접힘이라고 한다. 즉 사슬의 부분들이 적절한 모양으로 배열되게 하는 분자 종이접기다.

단백질 모양의 중요성에 대한 첫 번째 예는 효소라고 하는 단백질 부류다. 효소는 촉매로서 화학 반응의 효율성을 높이도록 도와주는 단백질이다. 기본적으로 효소는 모든 것을 제시간에 제자리에 놓이게 함으로써 작용한다.

그것이 화학 반응들에 관한 모든 것이다. 화학실험실에서 준비한 반응물들을 시험관에 모두 넣고 잘 접촉하도록 흔들면 반응이 일어날 수 있다. 이것은 부엌에서 준비한 재료들을 믹싱볼에 함께 넣고 잘 저어주면 케이크를 만들 수 있는 것과 같다.

세포에서 분자들은 자체적인 기운에 의해서 함께 모이는 것이 분명하다. 그것들을 제자리에 놓아주는 것은 전혀 없다. 무엇보다도 반응물들은 반응하는 부분들이 서로 이웃하도록 올바른 방법으로 함께 모여야 한다. 그런 효율성이 있어야만 세포는 어렵고 경쟁적인 환경에서 생존할 수 있다.

따라서 대부분의 생물학적 반응들은 퍼즐 조각들이 서로 들어맞듯이 반응 성분들이 정확한 공간적 접촉을 이루어야 하며 에너지와 물질의 교환이 최대한 쉽게 일어나도록 충분한 시간 동안 묶인 채로 유지되어야 한다. 빳빳한 가시로 덮여 있는 두 마리의 호저豪猪가 짝짓기를 하는 것처럼 물질들이 정확하게 배치되지 않으면 물질들이 아무리 민감하더라도 반응은 일어나지 않을 것이다.

화학 호저들이 이렇게 효과적으로 접촉하게 하려면 자연스럽게 일어나는 대로 그냥 두는 것만으로는 부족하다. 세포에서 효소들은 적절한 화학물질들을 적절한 방법으로 함께 모아서 인도하는 일을 한다. 그렇게 되면 그것들은 '반응'을 할 수 있다. 올바른 화학물질을 끌어와서 올바른 자리에 놓아서 반응을 촉진하려면 효소 단백질은 매우 정확한 모양을 할 필요가 있다.

1950년대에 미국의 화학자 크리스천 안핀슨Christian Anfinsen은 단백질 접힘에 관한 선구적인 실험을 시작했다. 그는 단백질에 신비한 기억력이 있다는 것을 증명했다. 안핀슨은 전형적 단백질이 열을 받거나 친숙하지 못한 환경에 놓여서 특정한 모양이 없는 기다란 사슬로 변하더라도 원래의 거주지로 돌아오면 매우 신속하게 바르게 접힌 모양으로 되돌아오는 것을 발견했다.

어떻게 그럴 수 있을까? 가장 분명한 대답은 단백질 성분들 사이의 상호작용에 의해서 모양에 대한 지령이 떨어진다는 것이다. 그런 상호작용이 주어지면 사슬은 가장 안정한 형태로 감긴다. 그러나 역시 무언가가 부족하다.

화학만으로 충분치가 않다. 단백질 원자들은 어떻게 모든 가능성을 시도해보지도 않고 가장 편안한 형태를 찾아낼까? 소파에서 가장 편안한 곳을 찾으려면 약간씩 움직여보아야 한다. 단백질도 가장 안정한 구조로 접힐 때까지 움직이고 뒤틀리고 꼬이는 과정이 필요하다. 그리고 그 구조는 성분 원자들과 주위의 물 사이의 화학적 상호작용들이 균형을 가장 잘 이루는 것이어야 한다.

물론 중간세계 춤은 이 꿈틀거리는 접힘 과정에서 기본이 된다. 가장 편안한 모양을 조사하는 과정이 바로 꿈틀거리는 과정이다. 중간세계 운동은 단백질이 거기에 도달하여 작용하는 방법은 말할 것도 없고 그 구조를 찾아가는 방법의 기본이 된다.

일단 중간세계 움직임이 설명된다고 하더라도 '완전한 편안함을 추구'하는 연구의 지지자들에게는 특별한 수수께끼가 기다리고 있었다. 1960년대에 미국의 화학자인 사이러스 레빈탈Cyrus Levinthal은 나중에 레빈탈 모순이라고 불리게 된 문제를 지적했다.

레빈탈은 접혀 있지 않은, 단지 수천 개의 원자로 구성된 단백질(많은 단백질들은 이것보다 훨씬 더 크다.)조차도 가장 안정한 모양을 찾고자 모든 가능한 모양을 시도해볼 시간이 부족하다는 것을 증명했다. 하지만 안핀슨과 다른 사람들의 측정에서 단백질은 몇 분의 1초 안에 안정한 모양으로 접힐 수 있다는 것이 밝혀졌다. 레빈탈은 단백질이 여러 가지를 시도해보는 속도를 매우 짧게 잡더라도 만일 단백질이 수천 개의 원자로 된 사슬에서 가능한 모든 배열을 시도해본다면 최소 에너지 배열을 찾는 데 몇 분의 1초보다 훨씬 더 긴 시간이 필요하다고 증명했다.

따라서 단백질의 종이접기 안에는 숨어 있는 수수께끼가 있었다. 마치 단백질이 어떤 종류의 모양을 갖추어야 하는지 미리 아는 것 같았다. 이번에도 화학만으로는 충분하지 못했다. 접힘 문제의 열쇠는 단백질이 중간세계를 탐험하는 방법을 더 정확하게 이해하는 것이었다.

경관의 거짓말

단백질이 꿈틀거리고 움직이고 접히는 방법에 대한 우리의 생각은 지난 수십 년 동안 실험의 진보와 컴퓨터의 능력이 도약한 결과, 엄청나게 진보했다. 오늘날 단백질 구조 계산은 거의 모든 원자와 원자의 상호작용까지 설명할 수 있다. 점점 더 많은 과학자들이 프라우엔펠더가 개척한 분야에 들어와서 단백질이 한 형태에서 다른 형태로 도약하는 방법을 찾고 있다.

단백질 접힘에 대한 30년간의 연구에서 단백질의 에너지 경관energy landscape이라는 개념이 생겨났다. 이것은 본질적으로 여러 가지 형태들로 구성된 완전한 세계로서, 단백질은 모양을 바꿔가면서 이 형태들을 탐험할 수 있다.

에너지 경관은 산악 지형과 같다. 골짜기는 특별한 모양들에 결합한 에너지를 나타내며, 골짜기들 사이에 있는 산봉우리는 에너지 비용이 높아 그런 형태들로의 모양 변화가 어렵다. 그런 모양의 변화는 최초로 볼츠만이 연구한 기체 원자들의 보다 더 간단한 경우처럼 통계 규칙에 따른 에너지 비용에 의해서 결정된다.

단백질이 탐험하면서 에너지 경관을 찾는 것은 엄청나게 복잡하다는 것이 밝혀졌다. 예를 들면, 프라우엔펠더가 연구한 미오글로빈의 결과는 위계성을 가지는 단백질의 초미세 구조를 보여준다. 그 안에는 에너지 경관 용어로 '골짜기들 안의 골짜기들, 또 그 안의 골짜기들', '봉우리들 위의 봉우리들, 또 그 위의 봉우리들' 같은 것들이 있다.

대부분의 시간 동안 단백질의 모양은 조금씩 변동한다. 에너지 비용이 적은 쉬운 뜀뛰기로 경관의 일부 지역, 말하자면 한 골짜기를 탐험한다. 그러나 가끔 경관을 정밀히 조사하던 단백질이 적은 에너지 비용 통로를 통해서 이웃한 골짜기로 굴러서 다른 구분된 지역으로 들어가기도 한다. 이런 새로운 영역으로 들어가면 형태와 기능이 매우 다른 커다란 전환이 일어날 수 있다(미오글로빈에서 산소 운반체와 아질산 반응 촉매 사이의 모양 변화가 그런 전환의 예다).

에너지 경관을 유럽 지도로 생각해보자. 유럽은 연결되었지만 구별된 여러 국가로 이루어져 있으며 각각 특유의 문화가 있다. 가령 당신이 영국에서 태어나고 어린 시절을 그곳에서 보냈다고 해보자. 한없이 안달하며 여행에 대한 욕심을 낸다면 나라 안을 여기저기 돌아다닐 것이다. 그래도 그것은 다소간 익숙한 환경의 지방 여행이다. 어딜 가나 미지근한 맥주와 피시 앤 칩스•가 있다. 어느 날 당신이 유로스타 표에 당첨되어 다른 나라로 가는 임시 통로가 열린다면 해저

• 역주: 생선살과 감자를 각각 튀겨서 함께 먹는 영국의 대표 음식이다.

터널을 건너서 프랑스로 갈 수도 있다. 이제 지역 환경은 아주 달라진다. 작고 분주한 뜀뛰기로 당신은 훌륭한 포도주가 있고 치즈와 마늘을 과도하게 소비하는 새로운 땅을 탐험한다. '골짜기와 산봉우리' 모습에서 당신은 영국이라는 한 골짜기에서 프랑스라는 다른 골짜기로 뛴 것이다.

그 뒤에 어쩔 수 없는 떠돌이 생활방식 때문에 당신은 독일 국경 가까이 갈 수도 있다. 국경을 넘으면 자신이 또 다른 지역에 왔다는 것을 알게 될 것이다. 이번에는 효율적인 자동차와 정시에 움직이는 기차, 소시지에 대한 집착 같은 독특한 특색이 있는 지역이다. 그러나 당신이 그곳에 얼마나 머물지는 아무도 알 수 없다. 아마 남쪽으로 뜀뛰기를 한다면 초콜릿과 뻐꾸기시계로 유명한 스위스에 곧 도달할 것이다.

지역 여행을 하는 대부분의 시간 동안 지역 경관은 익숙하게 유지된다. 가끔 다른 나라로 가는 값싼 경로를 찾아내게 되면 환경은 상당히 바뀐다. 이것은 복잡한 에너지 경관에 놓인 단백질도 마찬가지다. 빠르고 작고 많은 모양의 변화는 때때로 전혀 다른 형태로 커다란 전환을 가져온다.

이런 모든 것은 단백질을 구성하는 원자들의 화학적 상호작용들과 중간세계 춤이 조합을 이루어서 정해진다. 상호작용은 에너지 경관을 일으키고 춤은 탐험에 필요한 힘을 제공한다.

에너지 경관 아이디어는 최소한 단백질이 어떻게 가장 안정한 형태의 모양을 그렇게 빨리 찾아내는가에 관한 레빈탈 모순에 대해 부분적인 답이라도 제공한다. 경관의 폭넓은 특색은 아미노산 사슬의 중요한 연결 같은 단백질 구조의 폭넓은 특색에 의해서 결정된다. 이것은 안핀슨의 실험에서처럼 단백질이 접히지 않은 때에도 여전히 그곳에 존재하는 일종의 미리 짜여진 기반이 되는 경관으로 작용한다. 다시 접히기 시작할 때 단백질에는 이미 기반이 되는 이 등고선 지도가 내장되어 있다. 따라서 재접힘은 전체 지도의 완전한 재탐험보다는 더 빠른 지역적 꿈틀거림의 문제가 된다.

그럼에도 접힘 문제를 완전히 이해하려면 많은 것이 남아 있다. 과학자들은, 예를 들면 단백질의 아미노산 서열만 주었을 때 누가 접힘 단백질 구조를 가장 잘 계산하는가와 같은 통상적인 경쟁을 한다. 화학적 기반만으로 실제 실험 구조에 누가 가장 가까이 접근할 수 있을까? 자연은 중간세계의 결정적 도움을 받아서 여전히 어떻게든 이 일을 수행하고 있다. 그것도 엄청나게 뛰어난 컴퓨터를 이용하는 과학자들이 할 수 있는 것보다도 훨씬 빠르고 훨씬 믿을 만하게 하고 있다.

꿈틀거리는 단백질의 최고 기술 수준

미오글로빈 내의 이산화탄소 운동에 대한 한스 프라우엔펠더의 초기 실험들은 단백질 운동을 곁눈질로 측정하는 간접적 방법이었다. 최근의 실험들은 더 직접적으로 단백질 춤을 매우 장대하게 보여준다.

2005년에 이탈리아 밀라노-비코카 대학의 지안카를로 발디니 Giancarlo Baldini가 이끄는 연구진은 녹색 형광 단백질GFP; Green Fluorescent Protein이라는 천연 형광 단백질의 구조적 움직임에 대한 연구를 발표했다.•

• 역주: 이 녹색 형광 단백질을 발견하고 발전시킨 시모무라 오사무(O. Shimomura)와 마틴 챌피(M. Chalfie), 로자 첸(R. Y. Tsien)은 2008년에 노벨 화학상을 받았다.

GFP는 발광 해파리*aequorea victoria*에서 얻은 것이다. 단백질 동역학 실험에서 GFP의 유용성은 그것이 두 가지 중요한 모양 중 어떤 것을 갖느냐에 따라서 다른 색들로 형광을 내는 점에 있다. 발디니는 형광을 유도하는 레이저를 이용해 현미경으로 단백질이 이런저런 형태로 꿈틀거리며 쉼없이 바뀌면서 마치 단백질 교통 신호등처럼 녹색에서 청색으로 다시 녹색으로 바뀌는 것을 관찰했다. 연구진은 단백질을 실리카겔 관 안에 가두고 세포와 유사한 수용성 환경에서 단백질 한 분자를 오랜 시간 동안 관찰했다. 연구진은 현미경의 시야 내를 들락거리며 방황하는 많은 단백질들의 평균화된 결과를 얻는 대신에, 단지 한 분자의 행동만을 추적했다.•

연구진은, GFP는 화학적으로 유도하면 조절된 방법으로 풀릴 수 있기 때문에 원래 접힘 문제와 반대로 단백질 풀림을 조사했다. 산만한 줄 같은 상태로 풀린 단백질은 형광을 나타내지 않았다. 따라서 빛나는 분자의 사라짐으로 풀림을 알 수 있었다.

GFP가 풀리는 것을 본 발디니와 동료들은 놀랐다. 한 가지 접힌 형태(예를 들면 녹색)에서 바로 산만하게 풀린 줄로(즉, 어두운 상태) 되는 것이 아니라, 분자는 풀림의 순간으로 접근함에 따라 녹색과 청색 상태 사이에서 복잡한 방법으로 깜박거리기 시작했다. 처음에는 형태 전환이 마구잡이로 보였다. 다음에 풀림의 순간이 가까워짐에 따라 단백질은 마치 자체적으로 커다란 풀림에 대한 준비가 되는 것처럼 청색과 녹색으로 규칙적으로 진동했다. 풀리기 전 마지막 몇 밀

• 플라스틱과 단백질 같은 복잡한 사슬 분자는 화학적으로는 같더라도 각각 약간 다르게 행동할 수 있다. 이것을 '분자 개인주의'라고 한다. 이 말의 바탕에는 앞으로 볼 것처럼 중간세계의 민감한 마구잡이 성질이 놓여 있다.

리초 동안 모양 진동은 규칙성을 잃고 그전보다 더 거칠어졌다. 마침내 풀림이 일어나고 단백질은 형광을 잃고 시야에서 사라졌다.

마지막 급변에서 발디니 연구진은 어떤 분자가 다시 접힐 수 있게 허용한 후 그것에 다시 풀어지게 힘을 가하면 똑같이 두 번째 바퀴를 도는 것처럼 행동한다는 것을 알았다. 다음의 풀림에서 그것은 녹색과 청색 사이에서 약간 다른 진동수로 진동을 할 수 있었다. 단백질이 다시 접히는 방법의 미묘한 차이가 중대한 결과를 가져오는 것으로 보였다.

다른 많은 실험방법들로부터 비슷한 결과들이 모이기 시작했다. 2005년에 다시 미국 브랜다이스 대학의 도로테 컨Dorothee Kern이 이끄는 연구진은 효소인 사이클로필린 A의 모양 전환을 연구하고자 핵자기공명NMR; nuclear magnetic resonance 방법을 이용했다. 컨과 연구진에 의하면 반응에 도움을 주지 않는 순간에도, 즉 '티타임'에도 효소는 끊임없이 다양한 형태로 바뀌며 주위 물 분자들의 공격에 반응하여 꿈틀거린다. 당연히 그것은 중간세계의 춤을 직접 다시 보는 좋은 기회였다. 흥미롭게도 이런 '티타임' 요동은 효소가 실제로 작용하고 있을 때 나타나는 것과 매우 유사한 속도로 일어난다. 컨 연구진은 이런 놀고 있는 듯한 '비번' 모양의 일탈도 근본적으로 효소가 활발하게 임무를 수행하는 동안 작용하는 방법의 일부분이라고 해석했다.

단백질 전문가인 위안펑 황Yuanpeng Huang과 가이타노 몬텔리오네Gaetano Montelione는 컨 연구진의 결과에 대한 비평을 〈네이처*Nature*〉에 다음과 같이 썼다.

단백질 구조의 정적 모습이 너무나 흔해서 단백질이 동적 분자기계라는 것을 잊기 쉽다. 정적 단백질 구조는 단백질 기능 이야기의 일부에 지나지 않는다. 나머지 절반은 운동성에 대한 것으로, 앞으로 채워나가야 할 부분이 많다. 단백질 구조에 내재한 동역학이 어떻게 생물학적 기능에 대한 근거를 제공할 수 있는지가 그러한 내용이다.

다시 말해서 오랫동안 정적 단백질 조각품을 숭상한 후에야 단백질 과학자들은 좋든 싫든 간에 이제 '싫다고 발버둥을 치며' 중간세계로 끌려 들어오고 있다. 또 시대도 마찬가지다. 역사는 1827년 이후로, 중간세계는 놀랍고 흥분을 일으키며 중요한 장소, 즉 탐험해야 할 훌륭한 곳이라는 것을 보여주었다.

위험한 균형 행동

단백질 기능과 동역학이 정확한 사슬 모양에 매우 민감하다는 것은 중대한 결과를 가져왔다. 단백질 접힘의 우연한 실수는 알츠하이머병과 인간 광우병인 크로이츠펠트·야코브병CJD 같은 몇 가지 질병의 원인이 된다고 여겨진다. CJD는 프라이온이라는 단백질의 잘못된 접힘과 관련이 있다고 생각된다. 잘못된 접힘은 단백질이 기능을 적절하게 수행하지 못함을 의미한다. 더욱이 CJD에서는 어떤 방법으로든 잘못 접힌 하나의 단백질이 다른 단백질의 잘못 접힘도 유발하여, 그 결과 신경계와 뇌의 모든 작동을 파괴하는 것으로 보인다.

아마도 여기에서 얻을 수 있는 교훈은, 생명은 화학 규칙과 중간세계의 마구잡이 사이에서 이루어지는 매우 정밀한 균형의 결과라는 점일 것이다. 마구잡이가 없다면 화학의 빠른 번쩍임 안에서 모든 것이 끝났을 것이다. 동역학도 전혀 없었을 것이며, 변화도 전혀 없고 생명도 없었을 것이다. 마구잡이가 너무 많다면 생명 과정은 조절을 잃고 혼란의 결과를 맞았을 것이다.

우리 주위의 화학 자원과 에너지 자원을 수확하는 효과적인 방법들인 그런 효과적인 화학 반응들은 규칙성과 마구잡이 사이의 매우 정밀한 균형에 의해서만 일어날 수 있다. 규칙성이 너무 많다거나 마구잡이가 너무 많다면 엉성한 짜임새는 통째로 무너질 것이다.

단백질의 구조와 균형에 관한 반세기의 연구 결과는, 단백질은 세포의 규칙성/마구잡이 균형이 핵심이라는 것을 보여주었다. 아직 한 장을 할애하여 설명할 만한 한 가지 특별한 종류의 단백질이 있다. 이런 단백질은 생명의 중요한 요구사항들 중 한 가지를 충족하기 위해서 화학과 브라운 운동 사이의 이 정밀한 균형을 이용한다. 그것들은 세포로 된 생명을 조직화할 수 있어서 계속 진행된다.

이런 단백질의 임무는 에너지를 유용한 일로 전환하는 것이다. 그것은 생명의 엔진이다.

11

생명의 엔진

약 40억 년 전에 중간세계에서 놀라운 일이 일어났다. 그것은 비교적 최근인 19세기의 인류 사회에까지도 이상한 반향을 일으켰다.

19세기에 과학자, 기술자, 산업가 들은 마침내 에너지를 일로 전환하는 규칙을 알게 되었다. 역설적이게도 에너지를 일로 전환하는 문제는 사디 카르노, 윌리엄 톰슨, 루돌프 클라우지우스 같은 인류의 선구자들에게 미처 알려지지 않았지만 실제로는 이미 해결되어 있었다. 누군가가 혹은 무언가가 그곳에 먼저 도달해 있었다. 그것은 카르노나 다른 사람들 가까이에 있었으며 실제로는 그들 깊숙이 있는 것이었다. 게다가 그것은 에너지를 일로 전환하는 경쟁에서 간발의 차이로 이긴 것이 아니었다. 거의 40억 년이라는 현격한 차이로 이미 경쟁에서 이긴 상태였다.

그것은 생명이었다.

약 40억 년 전 어디에선가, 어떤 방법으로든 생물 산업혁명이 일어났다. 그때는 생명의 엔진이 나타난 때였으며, 생명이 에너지를 일로 전환하는 방법을 발견한 때였다. 그리고 생물 산업이 지구의 천연 자원을 실제로 수확하기 시작한 때였다.

19세기에 절정에 이른 산업혁명은 인류 사회를 변화시켰다. 그리고 그것의 장기적 결과는 인류 사회를 파괴했다. 그러나 생물 산업혁명은 상당히 근본적인 일을 했다. 그것은 지구 전체를 화학 암석에서 생물이 숨 쉬는 지구로 변화시켰다.

오늘날 과학자들은 생명의 분자 엔진인 단백질류를 연구하며 전에 없이 자세하게 생물 산업혁명에 대해 배우는 중이다. 그러나 그것이 작동하는 방법을 알려면, 이상하게 들리겠지만, 먼저 우회를 해야 한다. 매우 차가운 원자 세계로 들어가야 한다.

B는 박테리아(bacteria), A는 원자 덫(atom-trap)을 나타낸다

1997년에 세 사람의 과학자가 노벨 물리학상을 공동으로 수상했다. 파리에 있는 프랑스 대학의 클로드 코엔타누지Claude Cohen-Tannoudji와 미국 표준연구원의 빌 필립스Bill Phillips, 스탠퍼드 대학의 스티븐 추Stephen Chu가 그들이다. 그 상은 '레이저 광선으로 원자를 냉각시켜 가두는 방법의 발전'에 대해 주어졌다. 이것은 과학 연구가 어디로 나아가는지를 결코 예측할 수 없음을 보여주는 분명한 예다.

타누지, 필립스, 추는 원자와 광자의 양자 성질을 생각하고 연구하는 데 오랜 시간을 보내면서 우연히 세포로 된 생명의 중간세계를 열었다.

1985년에 추는 레이저 빔에서 나오는 매우 집중된 강한 광선의 집합소가 원자들에게 일종의 꿀단지로 이용될 수 있다는 것을 증명했다. 여기에서 원자는 거의 진공인 공기를 통과하듯 초당 몇백 센티미터로 빠르게 운동하는 것이 아니라, 점도가 큰 '광학 당밀'을 헤치며 거의 속도가 없을 정도로 느리게 지나갔다. 원자는 레이저광의 광자들과 계속 상호작용하며 에너지를 빼앗겼다. 그 결과 작은 원자 덩어리가 레이저 빔의 초점에 갇히게 되었다.

이것은 중간세계 또는 생명의 엔진으로부터 우리가 들을 수 있는 가장 최신의 연구처럼 보이지만, 그러한 생각은 추의 동료 중 한 명인 아트 애시킨Art Ashkin을 고려하지 않은 것이다. 애시킨은 추가 1980년대 초에 벨 연구소에 왔을 때 바로 옆방에 있었다. 당시만 해도 추는 원자를 느리게 하는 것보다는 레이저 광선으로 물질을 냉각시켜 초저온에 도달하는 방법을 주로 연구하고 있었다. 여기서 레이저로 어떤 것을 냉각시킨다는 것은 보통의 생각과는 반대되는 이야기로 들릴 것이다. 〈007 골드핑거〉 영화에서 금속을 자를 정도로 뜨거운 레이저로 제임스 본드의 결혼반지를 증발시켜버리겠다고 위협하는 유명한 장면을 떠올려보자. 그러나 이론에 의하면, 옳은 방법으로 진행된다면 충돌하는 광선의 광자는 열을 더해주는 것이 아니라 원자로부터 운동 에너지를 빼앗으므로 사실상 그것을 냉각시킬 수 있다.

원자가 광선과 상호작용하는 방법에 대한 애시킨의 관심은 1960년대 말에 그가 수행한 실험으로까지 거슬러 올라간다. 애시킨은 호기심에서 지름이 1,000,000분의 1미터 크기인 작은 구슬에 빛이 영향을 미치려면 작용해야 하는 힘을 대충 계산했다. 그리고 계산의 결과에 고무되어 눈에 보이는 결과를 나타내고자, 즉 구슬을 굴리기 위해, 강력한 광원을 제공하는 레이저를 이용해 실험을 시작했다. 그는 레이저를 적당한 크기의 폴리스타이렌 구슬을 함유한 물이 든 비커에 비추었다. 애시킨의 실험은 로버트 브라운의 실험을 되풀이하는 것이었다. 두 경우 모두 현미경으로 춤추는 작은 구슬을 관찰하는 것이었다. 애시킨의 경우는 마구잡이 춤을 추는 폴리스타이렌 구슬 중 하나가 레이저 빔에 들어오면 그 구슬만 눈에 띄게 튀는 점이 달랐다. 강력한 빛의 힘은 실제로 이런 작은 입자들을 이러저리로 밀어내기에 충분했다.

애시킨의 폴리스타이렌 구슬은 물론 중간세계 크기였다. 하지만 여전히 그것의 중요성을 알아채는 데는 오랜 시간이 필요했다. 나중에 추가 그랬던 것처럼 애시킨은 여전히 더 아래 미시세계에 머물며 단일 원자들만을 생각했다. 레이저의 힘이 폴리스타이렌 구슬을 조종할 수 있다면 왜 그것을 개별 원자를 붙잡는 데 사용하지 않겠는가? 그런 도구가 있다면 물질의 기본 단위를 직접적으로 조절할 수 있을 것이다.

추와 애시킨은 1983년 가을에, 뉴저지 주에 있는 벨 연구소에서 만났다. 애시킨은 여전히 원자를 붙잡는 꿈을 붙들고 있었지만 벨 연구소는 거기에서 나올 것이 아무것도 없다고 판단하여 실망을 안고 그 연구계획을 몇 년 전에 끝내버렸다. 애시킨은 레이저로 원자들을 이리저리로 밀어낼 뿐 아니라 그것을 붙들고 조종하는 방법을 찾고 있었다. 그러나 그는 아무 방법도 찾아내지 못했다. 그러던 중 추가 갑자기 그 주위에서 진짜 문제와 방법을 찾아냈다.

레이저 광선은 원리상으로 완전히 원자를 붙잡을 수 있지만 실온에서 원자들은 보통 초속 수백 미터의 속도로 매우 빠르게 움직이기 때문에 오랫동안 붙잡을 방법이 전혀 없었다.

원자를 붙들 방법은 우선 그것을 냉각시켜 느리게 만드는 것이었다. 추는 그 방법을 알고 있었는데 역시 레이저를 이용하는 것이었다. 그 결과 2년 안에 애시킨의 레이저 포획에 대한 흥미와 추의 레이저 냉각 흥미가 추의 '광학 당밀'로 결합되었다. 이것은 냉각된 원자 덩어리를 느리게 하여 붙잡는 방법이었다.•

그러나 추의 연구진이 원자를 냉각시키는 기술적 어려움으로 씨름하고 있는 동안, 애시킨의 마음속에서는 무언가가 그를 중간세계로 끌어당기고 있었다. 추의 완전한 원자 포획기를 기다리는 동안에 애시킨은 다시 물속의 유리구슬을 가지고 재미 삼아 실험을 해보기로 했다. 그는 물속의 유리구슬에서는 이미 포획이 작동하고 있어야 한다고 깨달았다. 지름이 1,000분의 1밀리미터인, 물속의 유리구슬은 이미 원자보다 훨씬 느리게 움직이고 있었다. 구슬 주위의 물의 점도와 구슬의 크기는 그것이 비교적 당당하게 중간세계의 마구 걷기를 하면서 일종의 자신만의 당밀을 이미 가지고 있다는 것을 의미한다.

애시킨은 자신의 기술을 '광학 집게'라고 불렀으며 곧 그것은 생명의 중간세계를 연구하는 데 유용한 기술이 되었다. 애시킨은 자신의

• 추의 연구진이 전자 광검출계와 기타 성능 좋은 기계장치들로 여러 가지를 측정하느라 바쁜 (실험 시작 후) 첫 일주일을 보낸 이후에, 한 연구원이 갑자기 포획 기계의 창을 통해서 이 현상을 보게 되었다. 그들은 자신들이 만들어낸, 느려진 원자의 번쩍이는 덩이를 두 눈으로 직접 확인할 수 있었다.

집게를 적당한 중간세계 크기의 막대 모양인 담배 모자이크 바이러스• 입자에 적용하기 시작했다. 그리고 레이저로 이런 아름다운 입자들을 포획하고 다루는 동안 비커의 물속에 광학 집게로 포획되는 다른 종류의 작은 입자들도 있다는 것을 알게 되었다. 전체 조직을 현미경 아래에 놓은 뒤 그는 이것들이 비커에서 시간에 따라서 천천히 분열하며 때때로 집게 빔 안으로 들어와서 붙잡히는 박테리아 세포라는 것을 깨닫게 되었다.

애시킨은 이미 완전히 중간세계에 있었다. 처음에 레이저는 불쌍한 박테리아를 죽이는 경향이 있었고(애시킨은 이것을 '광학 절단사death of opticution'라고 불렀다.) 그는 곧 보통의 레이저 빔 대신에 적외선 레이저를 사용하면 박테리아 세포를 산 채로 붙잡을 수 있다는 것을 발견했다. 그 발견은 엄청난 결과를 가져왔다.

애시킨은 광학 집게 이전에는 전혀 손을 댈 수 없었던 노다지가 세포생물학에 존재한다는 것을 깨달았다. 곧 연구자들은 혈액 세포막의 탄력성•• 시험에서부터 특별한 슈퍼 박테리아를 찾아서 박테리아를 하나씩 분류하는 일, 치료된 세포를 바이러스 입자와 직접적으로 접촉시켜 인플루엔자 바이러스의 치료를 시험하는 일까지 모든 일에서 광학 집게를 사용했다. 심지어 연구자들은 시험관 수정 과정의 살아 있는 정자 세포까지 광학적으로 다루었고, 시험관 아기를 레이저 광선으로 얻었다.

• 역주: 담배나 가짓과 식물에 감염되어 식물의 잎에 특정한 모양을 나타나게 하는 RNA 바이러스로, 긴 원통형이다.

•• 세포막의 탄력성은 암과 같은 질병에 의해 영향을 받을 수 있다. 따라서 그 측정은 유용한 진단 도구가 될 수 있다.

그 뒤 오래지 않아서 과학자들은 생명의 엔진을 연구하는 데 광학 집게를 이용할 생각을 하게 되었다.

냉각 포획된 원자의 이야기에는 중간세계를 상기시켜주는 특별한 뒷이야기가 있다.* 애시킨이 자신의 광학 집게로 박테리아를 쥐는 동안 추는 마침내 원자 포획기를 완성했다. 천천히 원자들을 절대온도 1,000분의 1도까지 효율적으로 냉각시켰다. 레이저 광자들의 바다에서 앞뒤로 두들겨 맞아서 느려진 원자들의 운동은 마구 걷기로 변했다. 그것은 꽃가루 대신에 나트륨 원자들로, 물 분자 대신에 빛의 광자들로 이루어진 브라운 운동이었다.**

플라스틱 개체: 중간세계 화학의 놀라움

1988년 당시 스탠퍼드 대학에 있던 추는 광학 집게를 생물학 실험에 이용하는 데 흥미를 갖기 시작했다. 그는 우선 단백질이 DNA 복사물을 만드는 방법에 흥미를 느꼈다. 그것은 유전 정보를 이용하는 첫 단계였다. 그러나 추의 연구진은 어려움에 부딪혔고 대신에 DNA 자체를 조사하기로 했다.

DNA와 광학 집게의 상호작용은 그들의 눈길을 바로 사로잡을 만큼 강력하지는 못했다. 따라서 그들은 생체 분자에 '핸들'을 부착했다. 그것은 애시킨이 이용했던 폴리스타이렌 구슬과 크게 다르지 않

* 실제로 관련 이야기는 한 가지 이상이 있다. 그중 하나를 들자면, 추의 작은 외할아버지는 소르본 대학에서 물리학을 연구했는데, 그를 지도했던 사람은 바로 장 페랭이었다.

** 추의 연구진은 1세기 전에 맥스웰과 볼츠만이 혁신적인 통계 이론으로 예측한 원자 속도 분포를 직접 측정하면서 원자 속력 분포 연구를 계속했다. 당시 맥스웰과 볼츠만에게 원자는 완전히 가상적인 괴물이었다. 더욱이 그들은 정해진 범위의 속도를 가진 원자들만 덫을 탈출하게 해서 원자 에너지 분포를 조종했다. 이것은 원자 세계의 기본적 통계학을 가지고 노는 것이었다.

았다. 1990년에 이미 추의 연구진은 형광으로 표지된 단일 DNA 가닥에 구슬 핸들을 부착하고, 형광 표지만 되지 않았을 뿐 다른 것은 똑같은 DNA의 바다에서 그것을 이리저리로 움직일 수 있는 기술을 발전시켰다. 형광 아래에서 단 한 개의 형광 표지된 DNA 사슬은 형광 표지가 되지 않은 분자들의 어둠을 배경으로 빛을 냈다. 연구진은 표지된 DNA를 관찰하고 조작할 수 있었으며 그것이 다른 분자들이 둘러싼 바다에서 어떻게 행동하는지 볼 수 있었다.

이것은 실험을 이상하게 하는 것으로 들릴 것이다. 예를 들면, DNA의 바다는 실제 세포 내부에 있는 환경이 아니다. 추는 여전히 생물학자라기보다는 물리학자로서 생각하고 있었다. 그는 실제로 DNA를 고분자의 '모형'으로 이용하려고 시도했다.

페랭이 브라운 운동의 기초를 연구하는 데 '이상적인', 즉 가장 단순하고 가능성이 있는 브라운 입자가 필요했던 것처럼, 추는 고분자 물리학의 기초를 연구하는 데 '이상적인' 가장 간단하고 가능성이 있는 고분자를 찾는 중이었다. 필요한 성질들은, 간단히 말하자면 길고, 가늘고, 구불구불한 것이었다. 추는 DNA가 화학적으로 좀 복잡하기는 해도, 다른 꿈틀거리는 고분자들의 바다에 잠겼을 때 한 고분자의 꿈틀거림이 어떻게 영향을 받는지와 같은 기본적인 행동을 연구하는 데 물리적으로 훌륭한 후보라고 생각했다.

추의 연구진은 람다 파지라고 하는 바이러스에서 얻은 DNA 가닥이 실험에 적당하다는 것을 알아냈다. 현미경에서 보고 붙들고 다루기에 충분할 정도로 크고, 평범한 고분자를 대표하기에 충분할 정도로 작았다. 추는 광학 집게 기술을 이용하여 단일 DNA 고분자를 붙들어서 중간세계 사슬 행동의 비밀을 밝히려고 세밀히 살피기 시작했다. 연구진은 고분자를 잡아당긴 후 되감기는 것을 관찰하거나 그것을 잡아당겨서 다른 고분자 바다에서 끌려오는 방법을 관찰하는 것 같은 수많은 실험을 했다.

먼저 추와 연구진은 고분자들이 가득한 혼잡한 바다에서, 꿈틀거리는 이웃들이 형성한 출렁이는 '원통'에서 한 고분자가 꿈틀거리며 운동하는 방법에 관한 기본 이론을 확인했다.

그다음에 그들은 전혀 예측하지 못한 어떤 것에 당황하게 되었다. 그들은 개별 분자들에 각각의 개성이 있음을 발견했다.

연구진은 광학 집게로 개별 DNA 분자를 선택해, 미세한 강처럼 물이 흐르는 소형의 관 안으로 하나씩 넣었다. 흐르는 물은 DNA 분자를 잡아늘였다. 화학적으로 동일하고 관 안에서 똑같은 장력을 받더라도 서로 다른 DNA 분자들은 각기 다르게 반응했다. 일부는 똑바로 펴졌고, 일부는 서로 매듭으로 얽혔다. 나머지는 단단하게 꼬인 채 그대로 있었다.

화학에는, 어떤 화학적 방법으로 만들어진 각각의 분자들은 같다는 신조가 있다. 작은 분자들에서는 그것이 사실이다. 하나의 이산화탄소 분자는 다른 이산화탄소 분자와 구별될 수 없다. 추의 연구진은 중간세계에서는 사물들이 같지 않다는 것을 증명했다. 고분자들은 비록 같은 종류의 원자들로 만들어졌더라도 더는 똑같다고 생각될 수 없다. 주위 분자들이 가하는 끊임없는 충격으로, 모든 이웃들과는 다를 수 있는, 어떤 순간에 있는 어떤 고분자의 정확한 공간 구조가 만들어진다. 추의 연구진은 여기의 굽힘, 저기의 꼬임 같은 그런 작은 차이들 때문에 각 고분자가 힘에 반응하는 방법에서 중요한 변화들이 나타나는 것을 밝혀냈다.

다시 말하자면 중간세계 분자는 모두 개별적이다.

생명의 화물 트럭

추와 그 연구진이 개별적 화학의 새로운 세계를 조사하는 동안, 광학 집게의 다른 응용법들은 급격하게 퍼져나가면서 더욱 기발해졌다. 연구자들은 힘을 측정하는 데 광학 집게를 이용하기 시작하면서 마침내 생물 산업혁명의 궤도에 오르게 되었다.

힘은 생명의 엔진에 속하는 영역이다. 엔진 단백질들은 힘을 발생시키기 위해 화학 에너지를 이용한다. 즉 에너지를 운동으로 전환한다. 이 과정에서 생명의 엔진은 우리의 산업혁명 시대의 엔진과 원칙적으로 전혀 다르지 않다. 증기기관은 석탄의 에너지를 피스톤 운동으로 전환한다.

하지만 생명의 엔진은 우리에게 친숙한 엔진과는 미묘하지만 근본적으로 다른 점이 있다. 가장 중요한 차이점은 중간세계의 쉼이 없는 성질이다.

최초로 광학 집게를 이용해 상세하게 연구했던 단백질 엔진 중 하나는 키네신Kinesin이라는 분자였다. 키네신은 세포의 화물 트럭이다.

세포는 거대 분자인 단백질, DNA, 효소 그리고 다른 중간세계의 이것저것이 뒤범벅되어 아무렇게나 채워진 젖은 주머니가 아니다. 세포는 이것보다 훨씬 뛰어나다. 세포는 조직화되어 있다.

분주한 식당의 주방을 생각해보자. 직원들이 채소를 썰고, 스테이

크를 굽고, 빵을 굽고, 케이크를 자르고, 샐러드를 장식하고, 경리를 보고, 접시를 닦고 하는 모든 일이 같은 공간에서 이루어진다면 전체 일은 엉망진창이 될 것이다. 케이크 속에 채소가 들어가고, 접시 닦는 물이 샐러드드레싱에 들어가고, 세금 계산서 사이에는 상추 잎이 끼어 있을 것이다. 그러나 주방이 핫플레이트는 여기에, 개수대는 저기에, 조리대는 건너편에, 책임자의 회계 장부는 위층 사무실에, 이런 식으로 조직화된다면 식당은 더 효율적으로 기능을 수행할 확률이 커질 것이다.

마찬가지로 세포 안에서 모든 일은 적절한 자리에서 일어난다. 막에 있는 특수한 통로를 통해서 영양분이 들어오고 노폐물이 나간다. 새로운 단백질은 리보솜이라고 하는 특수한 구역에서 만들어진다. DNA는 세포핵에서 읽히고 복사된다.

이런 조직화된 활동을 유지하기 위해서 세포는 운반계가 필요하다. 막에서 영양분이 일단 들어오면 적절한 자리로 운반되어야 한다. 리보솜에서 새로운 단백질을 만들려면 다른 곳에서 오는 원료 물질이 필요하다. 그다음에 새로 만들어진 단백질은 새로운 임무를 수행하도록 운반되어야 한다. 물론 세포와 그곳에 있는 것들은 중간세계에 속하기 때문에 그 운반 기본 조직도 그곳에서 우리가 예상할 수 있듯이 마구잡이 분포로 기능을 수행해야 한다.

운반 그물망은 운반체와 궤도라는 두 가지 중요한 부분으로 구성되어 있다. 먼저 운반체를 생각해보자. 키네신은 세포에서 중요한 화물 운반체 중 하나다. 다른 단백질과 마찬가지로 키네신은 임무를 위한 어떤 특수한 구조적 성질을 가진다. 한쪽 말단(머리)은 많은 다른 분자들과 결합하는 데 특별히 우수하다. 그것은 운반체의 '짐칸' 부분이며 화물이 부착되는 장소다. 다른 쪽 말단(발)은 엔진과 트럭 바퀴로 작용하는 두 부분으로 구성되어 있다.•

운반계의 다른 중요한 성분인 궤도는, 튜불린••이라는 단백질로 만들어져서 서로 교차하는 섬유의 그물망이다. 이런 '미소관'은 운반 경로의 비계 그물망을 형성한다. 키네신 단백질은 튜불린 그물망을 따라 걸으며 필요한 곳으로 화물을 전달한다.•••

키네신 엔진은 1985년에 미국 매사추세츠 주에 있는 우즈홀 해양생물학연구소의 로널드 베일Ronald Vale과 마이클 시츠Michael Sheetz가 확인하여 이름을 붙였다. 그들은 오징어의 신경세포에서 단백질을 분리하고 정제했다. 똑같은 단백질이 소의 뇌에서도 발견되었다. 베일은 그리스 어로 '움직임'을 뜻하는 '키네인'에서 따와 '키네신'이라고 이름을 붙였다.

우리의 오랜 친구인 열역학의 용어로 나타내자면 실제로 키네신이 하는 일은 몇 가지 종류의 저장된 에너지를 유용한 일로 전환하는 것이다. 그것은 세포 내부 고속도로를 따라서 발을 움직이게 하는 힘을 발생한다. 에너지는 어디에서 오고 키네신 엔진은 어떻게 그것을 유용한 일과 운동으로 전환할까?

• 학술지에서는 보통, 내가 키네신의 '발'이라고 부른 부분을 '머리'라고 부른다. 내가 여기에서 '발'이라고 부르는 이유는 그것이 단백질의 '발' 부분이 갖는 이동 목적을 더 분명하게 나타내주기 때문이다.

•• 역주: 튜불린은 미소관(微小管)을 구성하는 단위체가 되는 구형 단백질이다. α형과 β형 튜불린 이합체가 모여서 미소관을 형성하며, 미소관은 실 모양으로 세포의 골격을 유지해준다.

••• 운반은 원료 물질의 공급 이상으로 중요하다. 예를 들면, 외부 침입자를 공격하는 '살해자' 입자들은 키네신에 의해서 림프 세포 안쪽의 미소관을 따라서 운반된다. 또 키네신은 뇌와 신경세포에 중요한 신호 분자들도 운반한다.

여기에서 연구자들이 20년간 계속 해온 연구를 바탕으로 '화학적' 설명을 해보자. 다른 많은 생물학적 과정들과 마찬가지로 키네신은 그 에너지를 '연료 분자'인 ATP를 가공하여 얻는다. ATP 분자는 움직이는 이동 주유소처럼 세포를 떠돈다. 튜불린 궤도에 부착된 키네신 단백질은 주위에서 ATP 분자를 붙잡아 결합시킨다. 결합 과정은 키네신 분자의 모양을 변화시킨다. 그다음에 이 모양 변화는 키네신이 궤도에 부착되는 방법을 변화시킨다. 즉 효율적으로 에너지를 공급하여 키네신이 그 발 중 하나를 들어 올릴 수 있게 해준다. 올려진 발은 앞쪽으로 이동한다. (주의 ①: '올려진 발은 앞쪽으로 이동한다.'라는 이 문장은 엄청난 비밀을 숨기고 있다.)

한편 키네신에 결합한 ATP 분자는 분주하게 화학 반응을 일으켜 아데노신이인산ADP으로 전환된다. ADP와 키네신은 서로 훨씬 더 약하게 결합하므로, 그 결과 ADP가 방출된다. 더 이상 연료 분자가 결합해 있지 않으면 키네신은 원래 상태로 돌아간다. 이것은 올라간(에너지를 내놓은) 발이 튜불린 궤도로 강하게 끌린다는 것을 의미한다. 더 진행하면 발은 다시 붙는다. (주의 ②: '더 진행하면'이라는 과정은 실제로 문제가 시작되는 시점이다. 이에 대해서는 다음에 나타나 있다.)

그러고 나서 다른 발을 통해서 모든 회로가 다시 일어난다. ATP 결합이 모양을 변화시키고, 에너지를 얻어서 발이 올라가고, 발이 앞으로 들린다. 그리고 ATP가 ADP로 전환되어 방출된다. 이 때문에 키네신이 원래 모양으로 돌아간다. 발은 에너지를 잃고 비계를 따라서 한걸음 앞쪽으로 나가서 다시 튜뷸린에 결합한다. 이런 식으로 계속 반복된다. ATP에 의해서 추진되는 걸음을 걷는 동안 키네신 화물 트럭은 점점 A에서 B 쪽으로 나아간다.

키네신의 작동에 관한 지식 중 많은 부분은 반응 속도를 측정하고 ATP 공급 수준의 변화가 어떻게 운동에 영향을 미치는지를 조사하는 등의 기본적인 화학실험에서 나왔다. 그러나 광학 집게 덕분에 키네신 같은 엔진을 실제로 작동시키며 조절할 수 있는 새로운 형태의 실험을 할 수 있게 되었다.

예를 들면, 1993년에 하버드 대학의 카렐 스보보다Karel Svoboda와 스티븐 블록Stephen Block은 바로 키네신 엔진이 생성하는 힘을 측정하기로 했다. 그들은 한 키네신 분자에 유리구슬을 붙이고 광학 집게로 유리구슬을 포획하여 잡아당겼다. 집게는 움직이는 키네신에 대항하는 힘을 효과적으로 제공했다. 이렇게 해서 연구진은 키네신 운동력이 운반해야 하는 짐을 조절하여 엔진이 다른 요구에 대응하는 방법을 직접 측정했다. 스보보다 연구진은 키네신을 과적 직전인 약 5피코뉴턴의 힘으로 밀어서 키네신의 걸음걸음을 볼 수 있을 정도로 느리게 만들었다. 분자 걷기의 한 걸음은 약 10억분의 8미터였다.

지난 십 년간 이 생명의 엔진은 정말로 가혹한 시련을 겪었다. 광학 집게는 '돌연변이' 키네신을 만드는 유전자 조작과 같은 다른 기술들과 결합되었다. 예를 들면 과학자들은 한 발만을 갖거나 머리가 없는 키네신을 만들어서 분자의 어느 부분이 실제로 중요한지를 알아보려 했다. 그들은 마치 이질적인 기술을 발견한 뒤 키네신이 작동하는 방법을 알아내고자 실험들을 분주하게 했던 것으로 보인다. 그러나 키네신과 다른 단백질 엔진에 대해서는 색다른 점을 전혀 찾지 못했다. 그것들은 우리의 세포를 움직이는 것일 뿐이다.

키네신이 작동하는 정확하고 상세한 생화학적 사항에 대해서는 여전히 잘 알지 못하고 있다. 그것은 매우 복잡한 기계다. 그러나 상세한 점에 대해서는 신경을 쓰지 않아도 된다. 생화학자들이 발견한 모든 것보다 더 중요한, 거대한 문제가 여전히 하나 남아 있기 때문이다.

그런 경고들을 살펴볼 때가 되었다.

불가능한 엔진

앞서 묘사한 키네신 엔진의 설명에는 중대한 결함이 있다. 단백질인 키네신은 중간세계 분자다. 키네신 엔진의 '화학적' 설명은 정확하지만 그것은 중간세계에서 불가피한 끊임없는 움직임을 무시하고 있다.

사실 중간세계 기계는 이런 방법으로 작동할 수 없다.

엔진은 내연기관의 캠축, 증기기관의 피스톤 같은 작동부가 필요하다. 운동력을 제공하도록 움직일 수 있는 무언가가 필요하다.

키네신의 경우, 운동을 하려면 단백질이 발을 올려서 발걸음을 뗄 수 있어야 한다. 그러나 발은 단백질의 일부분이다. 자동차 엔진의 피스톤과 달리 키네신 엔진의 움직이는 부분은 중간세계 물체다.

키네신의 발이 올라가자마자 주위의 물 분자들은 충돌하며 발을 때린다. 발은 단지 브라운 운동에 의해서 사방으로 흔들거리며 반응할 수 있다. 브라운 운동은 본질적으로 마구잡이다. 이는 일단 발이 들어 올려지면, 전진하는 것과 마찬가지로 후진할 수도 있다는 것을 의미한다. 이 화물 트럭은 A에서 B로 빠르게 도달하기보다는 궤도를 따라서 앞뒤로 마구잡이로 방황할 운명인 것 같다.

이것은 산업혁명의 엔진과 생물 산업혁명의 엔진의 차이점이다. 자동차와 증기기관의 동작부는 커다란 거시세계 물체이며 마구잡이 부딪침과 타협할 필요가 없다. 원하는 한 방향으로만 갈 수 있다. 반대로 생물 산업혁명의 엔진은 마구잡이에 감염되어 연속적으로 변동하는 노예다. 이것으로 생체 엔진을 만든다면, 생명은 불가능하다.

이를 어쩌나!

중간세계 동력의 불가피한 끊임없는 움직임

따라서 생물 산업혁명은 인간의 산업혁명보다 더 진보했다. 그것은 에너지를 일로 전환하는 방법을 발견했을 뿐 아니라 피할 수 없는 마구잡이가 존재하는 곳에서 일을 할 방법도 해결했다.

1장에서 살펴본 대로 또 다른 단백질 엔진인 근육 세포의 미오신도 마구잡이의 영향을 받는 듯하다. 단일 미오신 분자에 대한 광학 집게 실험에서 오사카 대학의 야나기다 토시오와 연구진은 미오신에 ATP를 조금 준다고 해서 곧장 앞으로 나아가는 엔진 운동이 일어나지는 않는다는 것을 보여주었다. 미오신 분자는 이웃한 액틴 섬유를 따라서 한 걸음, 두 걸음 혹은 다섯 걸음을 걷거나 전혀 걷지 않을 수도 있으며, 심지어 뒤로 걸을 수도 있다.

이 현상을 비롯한 다른 많은 실험들이 가리키는 것은 명확하다. 생명은 실제로 마구잡이 문제를 전혀 해결하지 못했다는 것이다. 또 엔진의 기능에 대해서도 마찬가지다. 마구잡이 문제에 대해 생명의 엔진이 찾은 해법은 브라운 운동과 싸우는 것이 아니라 그것을 이용하는 것이었다.

중간세계에서 자주 일어나는 바와 같이 이 답은 통계학 문제다. 실제로 그것은 통계를 치우치게 하는, 확률을 편향시키는 문제다.

마구잡이 확률을 다루는 것이 특별한 것은 아니다. 마구잡이가 순전히 마구잡이를 의미할 필요는 없다. 마권업자와 카지노 소유자를 생각해보자. 그들은 분명히 확률의 세계에 살고 있다. 그 속에는 경마장의 마권과 룰렛 바퀴 위를 굴러가는 공의 확률이 있다. 그러나 마권업자와 카지노 소유자는 보통 이익을 얻는다. 그들은 통계 게임을 한다.

우리는 도박을 조종할 수 없다. 때로는 룰렛 바퀴에서 0이 나타나기도 하고, 때로는 신통치 못한 늙은 경주마가 150-1 게임에서 놀랍게 기력을 회복해 뉴마켓•에서 3:30으로 이길 수도 있다. 이런 일들이 일어나지 않는다면 누가 도박을 좋아하겠는가? 그러나 마권업자는 확률을 기울게 만든다. 그들은 평균적으로 자신들이 마구잡이에서 이기도록 당첨금을 조절한다. 간혹 거는 사람이 크게 따기도 하지만, 그들은 게임을 편향시켜서 통계적으로 말하자면 현금의 흐름을 거는 사람의 호주머니에서 자신들의 주머니로 흘러 들어오게 한다.

키네신과 미오신 같은 엔진의 작동 방법에 관한 최근의 아이디어에 따르면, 생명도 이와 똑같이 하고 있다. 게임을 편향시킨다. 브라운 운동의 마구잡이는 피할 수 없다. 그러나 키네신-튜불린이나 미오신-액틴 상호작용의 화학은 엔진에 유리할 정도로 확률을 기울게 하여 평균적으로 에너지를 일정한 방향의 운동으로 변환시킬 수 있다.

• 역주: 경마로 유명한, 잉글랜드 서퍽 카운티 서부의 도시.

1994년에 시카고 대학의 딘 애스투미안Dean Astumian과 마틴 비어Martin Bier는 '편향된 마구잡이' 엔진에 관한 간결한 이론을 발표했다. 그들은 마구잡이 브라운 힘과 주기적으로 스위치를 켜고 끄는 분리된 힘 모두의 지배를 받는 단순한 입자의 운동을 생각했다. 그 영감은 키네신이나 미오신 같은 엔진에 대해 알려진 것에서부터 나왔다. 온-오프-온 힘은 ATP가 결합하고 반응하고 해리함에 따른 키네신 발의 에너지 수준 변화를 단순화한 것이다. ATP가 결합하면 발과 튜불린 사이의 강한 인력으로 인해 스위치가 꺼진다. 즉 발이 올라간다. ATP가 ADP로 변하고 해리되면 발-튜불린 힘의 스위치가 다시 켜지고, 발은 다시 궤도에 달라붙은 상태가 된다.

그러나 애스투미안과 비어의 발-튜불린 힘은 그렇게 단순하지는 않았다. 그들은 발에 편향된 인력을 부여했다. 즉 궤도를 따라서 생기는 양방향의 인력 중 한 방향이 다른 방향보다 더 강했다. 발이 궤도에서 떨어질 때는 마구잡이 브라운 운동의 지배만을 받으므로 발은 사실상 앞뒤로 거의 같은 확률로 흔들리기 쉽다. 그러나 편향된 발-튜불린 인력은 앞 방향으로 쏠리도록 조장한다. 엉뚱한 방향으로 헤매는 발은 뒤쪽의 출발점으로 끌리는 경향이 있는 반면, 앞으로 향하는 발은 방해를 받지 않고 계속 나아가게 된다.

이런 이유로 애스투미안과 비어는 실제로 브라운 운동이 존재한다 하더라도, 주기적으로 전환되는 발과 궤도 사이의 힘이 다른 방향보다 한쪽 방향으로 유리하게 편향되는 한, 전진 방향 운동은 가능하다는 것을 보여주었다. 마구잡이 확률은 엔진에 유리하게 기울어지는 것이 분명하다.

실제로 이런 편향이 어떻게 키네신과 미오신 같은 단백질 엔진에서 실현될까? 그것은 애스투미안과 비어가 보여준, 방향이 편향된 힘에 해당하는 것을 생성하는 튜불린 궤도나 근육의 액틴 섬유의 화학적 구조 때문에 가능하다. 트럭과 궤도 사이의 상호작용은 편향된 방향성 힘을 만들며, 그 결과 후진보다 전진 운동이 조장된다. 그에 따라 평균적으로 많은 단계에 걸쳐서 키네신 발이나 미오신 단백질은 다른 방향보다 한 방향을 따라 기어가는 것이 더 쉽도록 작용하게 된다.

이것은 통계 게임과 매우 비슷하다. 모든 단계에서 엔진의 동작부는 마구잡이의 지배를 받아서 여전히 전진하거나 후진할 수 있다. 그러나 전체적으로 전진과 후진 방향의 확률은 완전히 똑같지 않으며 화학적 편향은 전진을 유리하게 한다.

야나기다 토시오의 실험이 보여주듯이 때때로 미오신은 후진을 한다. 때때로 한 걸음보다는 훨씬 더 멀리 가는 춤을 추기도 한다. 그것이 마구잡이의 본성이다. 마찬가지로 스보보다의 키네신에 대한 광학 집게 실험에서도 엔진은 가끔 후진을 하지만, 최종적으로는 전진을 한다. 충분한 시간이나 충분한 수의 '엔진 주기'를 평균하면, 요동하는 정지 상태에서 천천히 등장하는 패턴처럼 결국 한 방향 엔진 기능이 분명해진다.

애스투미안과 비어는 자신들의 단순한 이론을 스보보다와 블록의 키네신 실험과 직접 비교했다. 예측은 관측과 잘 일치했다. 특히 이론의 단순성 대 실제 단백질 엔진의 화학 과정의 복잡성을 고려한다면 매우 훌륭했다.

키네신에 대한 실험 결과, 엔진의 '짐'을 증가시키는 것이 성능에 어떻게 결정적으로 영향을 미치는지도 밝혀졌다. 광학 집게를 통해서 끄는 힘(짐)이 점점 더 세게 분자에 가해지면 발-궤도 상호작용 중 짐이 통계적 편향성을 넘어서는 지점부터 '억제력stall force'이 생겨난다. 엔진은 여전히 ATP의 반응을 통해서 에너지를 전환하고 브라운 운동을 하기 때문에 멈추지 않는다. 대신에 그 걸음은 완전히 마구잡이가 된다. 방향성이 있는 효율적인 운반은 파괴된다.

유사한 광학 집게의 힘 실험을 DNA를 읽고 복제하는 단백질 기계와 두 가닥의 DNA가 친숙한 이중 가닥으로 지퍼처럼 닫히는 것을 도와주는 다른 모터들에도 실시했다. 마찬가지로 이런 모터들도 짐이 너무 커지면 '멈춘다'. 생명의 엔진은 진화에 의해서 가능한 한 환경에 최적으로 들어맞게 기능이 조절된 것으로 보인다. 전문가가 고성능 경주용 차를 조율하는 것과 크게 다르지 않다.*

집합적 행동

조율이 되었든 되지 않았든 간에 이러한 '이 보 전진, 일 보 후퇴' 종류의 운동이 생체 엔진의 고유한 성질이라는 것은 여전히 비효율적으로 보인다. 필수적인 편향성을 가졌다 하더라도 그것은 조마조마한 마음으로 정비 공장으로 향하는 것과 같을 것이다. 그러나 거시세계의 자동차 엔진과 세포의 생체 엔진 사이에는 두 가지 다른 점이 있다. 첫째, 생명의 엔진은 마구잡이와 거래를 하는 것 외에는

* 오늘날의 실험과 이론은 단백질 엔진이 얼마나 효율적인지, 얼마나 효율적일 수 있는지를 측정하는 것과 관련이 있다. 이것은 완전 기관에 대한 사디 카르노의 열역학 한계에 얼마나 가까이 와 있을까?

다른 선택이 없다.

둘째, 세포에는 막대한 수의 분자 엔진들이 있다. 운송은 A에서 B까지 짐 한 개를 운반하는 키네신 하나의 문제가 아니다. 전형적인 세포에는 튜불린 그물망 주위를 행진하는 수천 개의 생체 엔진들인 키네신 짐 트럭으로 구성된 완전한 함대가 있다. 그들 중 몇몇은 때로는 후진을 하고 또 몇몇은 완전히 떨어져 나가서 방황을 한다. 그러나 충분한 수가 목적지까지 용케 도달하여 체계를 진행시킨다. 즉 천 개 중에서 아마도 육칠백 개가 옳은 방향으로 갈 것이다. 따라서 '통계적 공급 사슬'은 계속되고, 세포는 안절부절 못하는 본질적인 특징에도 불구하고 생존한다.

같은 방법으로 근육은 액틴 섬유 다발과 수천 개의 미오신 분자들로 구성된다. 마찬가지로 대다수가 옳은 방향으로 끄는 한, 근육은 작동한다. 즉 액틴 섬유가 수축한다. 이런 수축력으로 나는 다음 단어를 타이핑할 수 있고 당신은 책장을 넘길 수 있다.

이런 집합적 행동은 심지어 기술적 가능성까지 보여준다. 과학자들은 키네신 같은 엔진 집단이 중간세계 구조를 만드는 데 이용되는 방법을 연구하고 있다. 그런 엔진 무리가 행동하는 방법의 통계적 결과는 소위 미세 환경의 '자기 조립'이 일어나는 방법을 제시할 수도 있다. 단백질 엔진 무리가 진행을 시작하면 그 집합적 행동에 의해 자동적으로 구성되는 결과가 생길 것이다. 세포의 튜불린 비계의 발생은 그 자체가 단백질 엔진에 의한 '통계적 협력'의 경우가 될 수 있다.•

• 분자에서 사람에 이르기까지 모든 것의 이런 통계적 혹은 '집합적' 행동은 현재 이론물리학을 포함하여 생물학, 사회학에 이르는 분야에서 거대한 연구 계획의 주제가 되고 있다. 잘 규명되어 있지는 않을지라도, 무리는 알려진 대로 한 개체로부터는 쉽게 추정할 수 없는 방법으로 행동한다. 그에 관

생명—생물 산업의 기적의 목록

모든 단백질은 일종의 엔진이다. 또 다른 예로는 DNA로부터 유전 서열을 읽어서 RNA라고 하는 화학적 복사 분자를 만드는 RNA 중합효소가 있다(그다음에 RNA는 세포핵 밖의 리보솜으로 운반되어 새로운 단백질을 만드는 데 이용된다. 리보솜 자체도 더 많은 효소, 즉 더 많은 엔진으로 이루어져 있다). RNA 중합효소는 DNA를 복사하려고 DNA 가닥을 따라 기어가면서 필요한 서열에서 새로운 화학물질들을 조립한다. 효소는 ATP와 같은 에너지를 가진 분자와 결합하면 서로 다른 형태들로 전환이 된다. 그 모양이 새로운 RNA 사슬에서 다음 성분으로 어떤 화학물질이 결합될 것인지를 조종한다.

이런 모든 모양 변화와 화학적 조립은 물 분자의 충돌을 계속 받으면서 일어나며, RNA 중합효소 엔진은 중간세계의 요동하는 성질에 맞서기도 하고 그 성질을 이용하기도 한다.

세포의 막 안에는 다른 중요한 엔진들도 들어 있다. 몇몇은 외부에서 염과 이온을 빨아들이는 펌프로 작동하고, 몇몇은 필요하지 않은 세포 파편이나 독소를 제거하는 노폐물 제거 장치로 작동한다. F_0F_1-ATP 생성효소라고 하는 여러 작용을 하는 엔진-효소는 두 가지 방법으로 작동한다. ATP가 풍부하면 막을 가로지르는 영양분을 위한 펌프로 작용하고, ATP가 충분하지 않으면 거꾸로 작동하여 ATP를 합성한다. 그러므로 F_0F_1-ATP 생성효소 엔진은 ATP의 생성과 사용의 균형을 유지하는 세포의 대사에서 매우 중요하다.

한 많은 흥미로운 예는 필립 볼(Philip Ball)이 쓴 대중적인 저서 *Critical Mass* (한국에서는 《물리학으로 보는 사회》로 번역 출간됨)를 참조하라.

1997년에 도쿄 공업대학의 요시다 마사스케가 이끄는 연구진은 F_0F_1-ATP 생성효소가 작동하는 것을 최초로 직접 관찰했다. 그들은 그것이 일종의 회전 모터라는 것을 보여주었다. 단백질의 나머지 부분으로 형성된 '통' 내부에서 ATP를 통해 동력을 얻어서 회전하는 단백질 부분은 세포막을 가로질러 이온을 펌프질할 수 있다.

요시다 연구진은 모터 분자를 유리판에 고정하고 모터의 다른 쪽 끝에 액틴의 형광성 필라멘트를 부착해서 현미경으로 볼 수 있게 했다. ATP를 주면 작은 필라멘트는 초당 4회까지 회전했다. 요시다는 회전 중에 멈추는 것을 자주 볼 수 있었다. 회전자는 멈추고 잠시 기다리다가 다시 회전을 시작했으며, 때때로 반대 방향으로 회전하기도 했다. 이것은 끊임없이 운동하는 또 다른 브라운식 모터였다.

그리고 박테리아가 초당 10분의 1밀리미터의 속도로까지 헤엄칠 수 있게 해주는 생체 프로펠러의 기능을 하는 회전 모터들이 있다.• 바이러스가 자신을 DNA로 채우거나 숙주 세포에 들어가는 구멍을 내는 데 이용하는 모터를 비롯하여, 세포의 튜불린 비계를 건설하거나 파괴하는 엔진, 세포 분열을 위한 복제 준비를 하면서 DNA 두 가닥으로 된 지퍼를 여는 엔진, DNA 서열의 오류나 손상을 수선하는 엔진, 접히지 않은 단백질을 막을 관통하여 운반하는 엔진 등이 그러한 것들이다. 간단히 말해서 세포는 매우 다양한 공업용 생체 엔진을 갖추어서 번창하고 있는 공장이다.

이 생물 산업의 기적에 대해 아는 것이 적다 해도, 그동안 우리가

• 지름이 1000분의 1밀리미터인 박테리아가 이런 속도로 운동하는 것은 대충 2미터 길이의 차가 초속 200미터(시속 720킬로미터)로 운동하는 것과 같다.

발견한 것은 지구 역사상 기념비적인 사건에 대한 장대한 증거가 될 것으로 보인다. 생물 산업혁명은 단순히 에너지를 일로 전환하는 방법을 찾거나 마구잡이를 다루는 방법을 찾는 것이 아니었다. 그것은 에너지를 일로 전환하는 문제의 해법을 찾는 동시에 중간세계 크기에서 피할 수 없는 마구잡이의 이용법을 모색하는 것이었다.

앞에서 살펴본 미오글로빈 같은 단백질의 활성처럼 화학 규칙과 마구잡이 사이에는 정교한 균형이 놓여 있으며, 그래서 생물 산업혁명은 화학 자원과 중간세계 요동에 의해서 생긴 가능성 사이의 생산적 타협이었다.

화학 규칙만으로는 너무 딱딱하다. 마구잡이만으로는 너무 방향성이 없다. 규칙과 끊임없는 움직임 중 하나라도 없었다면, 무생물 암석이 지구라고 불리는 풍부하고 활기찬 세계로 전환되어 가속되는 것은 고사하고 생명의 엔진은 시작도 할 수 없었을 것이다.

인류의 산업혁명은 막대한 섬유공장에서부터 철로용 제철소, 석탄과 주석 광산에 이르기까지 수많은 흔적들을 남겨놓았다. 그중 많은 곳이 폐허가 되어 풀만 무성히 자라고 있다.

생물 산업혁명의 유물은 부서진 잔해나 잡초가 자라는 폐허가 아니다. 생물 산업혁명의 유물은 어디에나 있고 아직도 기능을 하고 있는 세포다. 즉 박테리아에서 식물, 원생동물, 동물에 이르기까지 모든 곳에 있는 세포들이 조직화되고 효율적으로 바쁘게 움직이는 자급자족인 생물 산업을 여실히 보여주는 수십억 가지 예인 것이다.

또 그것들 모두는 근본적으로 물질이 중간세계에서 행동하는 방법에 의존하고 있다. 그들 모두 중간세계 엔진에서 동력을 얻고 있다.

12

중간세계의 주인

이제 기술을 이야기할 때가 되었다.

〈사이언스Science〉의 2005년 12월 기사에 따르면, 중간세계 연구 개발에 투입되는 전 세계적 비용은 연간 90억 달러에 이미 이르렀다. 미국국립과학재단의 예측에 의하면, 2015년까지 중간세계 기술은 1조 달러에 이르고 200만 명이 관련 업종에 고용될 것으로 보인다.

이런 모든 돈이 실제로 중간세계 기술로 갈 수 있을까? 그리고 이전에 이 중간세계 기술에 대해 들어본 사람이 있을까?

아무도 못 들어봤을 것이다. 그것은 오히려 '나노기술'로 알려져 있다.

나노미터는 10억분의 1미터다.• 일반 개미는 길이가 약 500만 나노미터, 즉 5밀리미터다. 사람 눈의 분해능은 약 10분의 1밀리미터 정도다. 이 정도 크기의 물체는 10만 나노미터 정도의 크기다.

• 원자의 크기는 직접적으로 잴 수 없다. 크기는 원자가 이웃한 원자를 '느끼는' 거리로 간주된다.

나노기술은 몇 나노미터에서부터 수백 나노미터에 이르는 크기의 물건을 만드는 기술이다. 원자는 대략 10분의 1나노미터 정도다. 따라서 나노기술 물체는 수백 개에서 수천 개의 원자로 구성된다.

다시 말해서 나노기술 물체는 중간세계 물체다.

최근에 나노기술이 폭발적으로 증가하고 있는데, 그 이유는 작은 물체들을 관찰하고 다루는 새로운 방법들 덕분이다. 주사전자현미경, 원자힘현미경, 광 포획에 기반을 둔 미세조절장치 같은 새로운 실험장치들이 그러한 발전에 일조했다. 마침내 과학자와 산업가 들이 중간세계를 정복하기 위해 막 발걸음을 떼려는 것으로 보인다.

그러나 이 기술이 완전히 새롭다고 상상하는 것은 실수일 것이다. 20세기 초에 플라스틱 기술자들은 이 새로운 화학, 즉 고분자 화학의 가능성을 최초로 이용했다. 중간세계 기술은 그것보다 훨씬 더 거슬러 올라간다. 고대 이집트 인들도 중간세계 선구자들이었다.

잉크와 중간세계

기원전 500년경 이집트 인들은 원시 형태의 종이인 파피루스를 발명했다. 상형문자를 밀랍 판에 새기는 것보다 편리한 대안이었다. 종이를 사용하자면 잉크도 필요했다.

그들은 먼저 숯가루를 물에 풀어 시도해보았지만 곧 보관 문제에 부딪혔다. 숯가루 알갱이들은 너무 빨리 엉긴 후 잉크병 바닥에 가라앉아서 사용할 수 없게 진득진득해졌다. 그렇다면 더 오래 사용할 수 있는 잉크를 어떻게 만들었을까?

이집트 인들은 식물 수지인 아라비아고무를 숯과 물의 혼합물에 첨가하면 숯가루 알갱이가 엉겨 붙는 것이 멈춘다는 것을 발견했으며, 이것은 잉크 시대에 광범위하게 이용되었다. 하지만 그들은 그 방법이 작용하는 이유를 알지 못했다. 현대의 고분자에 대한 지식이 얻어진 후에야 그에 대한 설명이 가능해졌다.

아라비아고무 수지는 탄소에 기반을 둔 고분자로 이루어져 있다. 아라비아고무는 숯-물 잉크에 들어가면 숯 알갱이에 화학적으로 결합하여 숯 알갱이 머리에 고분자 머리카락이 붙은 것처럼 된다.

그러나 연결된 고무 고분자 사슬들은 주위의 물 분자에도 끌린다. 그래서 사슬들은 물 분자와 최대로 접촉하려고 한다. 고분자는 앞에서 본 접히지 않은 단백질처럼 '부풀려고' 한다. 따라서 각각의 숯 알갱이는 끊임없이 흔들리는 아라비아고무 고분자의 외투로 덮이게 된다(머리 스타일로 말하자면, 남자의 짧게 깎은 머리 모양보다는 곱슬머리 그대로 크게 부풀린 흑인의 둥근 머리 모양에 더 가깝다).

이렇게 고분자로 덮인 숯 알갱이 두 개가 서로 만나면 흔들거리는 고분자 외투는 서로 얽히기 시작한다. 고분자가 자유롭게 흔들리려는 욕망과 물과 최대로 접촉하려는 욕망 때문에 그런 접근은 가까운 두 입자 사이에 강한 반발력을 가져온다. 숯 알갱이들은 고분자 외투에 의해서 서로 밀려서 멀어진다.

알갱이들이 서로 모이지 못하면 들러붙지도 못한다. 따라서 잉크는 덩어리로 응집하지 않는다. 고대 이집트 인들은 그것을 몰랐지만 그들이 개량한 잉크 기술은 고분자 같은 물체는 가만히 멈춰 있을 수 없다는 중간세계의 중요한 특징을 이용한 것이었다.

로마의 문인 플리니우스Pliny에 의하면, 이 기술로 만들어진 이집트 잉크를 사용하는 사람들은 위조라는 또 다른 문제에 부딪혔다. 고무 처리를 한 잉크는 파피루스에 적은 후 아주 쉽게 지워질 수 있었다. 그리고 플리니우스에 의하면 잉크에 식초를 넣어서 고정하는 방법이 발견되었다.

화학적으로 말하자면 고분자로 덮인 숯 알갱이는 서로 달라붙는 것을 좋아하지 않았을 뿐 아니라 파피루스에 달라붙는 것도 좋아하지 않았다. 첨가된 식초의 산성은 잉크 용액에서는 숯 알갱이를 응고시키지 않지만 파피루스에는 더 잘 달라붙도록 촉진했다. 또 다른 중간세계의 화학 기술이었다.

고대 기술에 대한 메아리로서 1908년에 페랭도 유사하게 산성화를 사용했다. 페랭은 현미경에서 등황 고무수지의 크기를 잘 측정할 수 있도록 슬라이드에 고정하는 데 산성화를 이용했다. 아마도 페랭도 플리니우스의 글을 읽었을 것이다.

덜 원시적으로 플라스틱 만들기

이미 우리가 살펴본 플라스틱은 '중간 기술'의 한 예다. 이런 단순한 고분자를 넘어서는 다음 단계는 '공중합체copolymer'라고 하는 분자 종류다. 전형적인 공중합체는 역시 탄화수소 사슬이지만 기본적인 평범한 플라스틱에서 복잡성이 한 단계 진화한 것이다. 공중합체는 화학적 특성이 서로 구별되는 단위체들이나 작은 사슬들이 교대로 결합하여 이루어진다.

공중합체의 다른 '하위 종(단위체)'은 화학적 상호작용이 서로 다르다는 특성이 있다. 상호작용은 사슬의 다른 부분들과 일어나거나 주위의 용매 분자들과(공중합체가 물에 녹는다면 물 분자와) 일어날 수 있다. 그것이 폴 플로리Paul Flory의 상호작용 균형이다. 그러나 이제는 단위체와 단위체 사이의 화학적 특성들 차이 때문에 고분자 구조를 좀 특별하게 조절할 수 있도록 균형이 이루어진다.

예를 들어, 물에 반발하는 것(소수성)과 물을 끌어당기는 것(친수성), 두 가지 유형의 단위체 사슬로 만들어진 공중합체를 생각해보자. 친수성 단위체가 80%인 공중합체는 전체적으로 물속에 있기를 좋아하며 비교적 쉽게 물에 녹을 것이다. 비율을 변화시켜서 소수성 유형이 우세해지면 공중합체는 전체적으로 소수성 경향을 띠게 될 것이다. 이것은 물에 녹기가 어려울 것이다.

따라서 가장 단순한 수준에서 고분자가 물에서 행동하는 방법은 서로 다른 단위체의 상대적 양을 변화시켜서 간단하게 처리할 수 있다.

이렇게 서로 다른 단위체의 비율이 용액에 있는 공중합체의 모습을 부분적으로 결정한다. 즉 80% 친수성 공중합체는 물에 녹을 수 있다. 중간에 있는 소수성 부분이 물과 접촉하는 것을 최소화하고자 주위에 있는 친수성 사슬 부분이 소수성 부분이 싫어하는 물 분자를 가려준다.

그런 모양의 가능 여부는 역시 공중합체 사슬을 따라 존재하는 단위체들의 배열순서에 달려 있다. 모든 소수성 단위체들이 사슬의 한쪽 끝에 있다면 그것은 쉽게 접혀서 친수성 말단으로 둘러싸일 것이다. 하지만 사슬 전체에 퍼져 있다면 그런 일이 쉽게 발생하지는 않을 것이다.

따라서 두 가지 단위체 종들로부터 공중합체를 제조하는 화학자는 서로 다른 종들의 상대적 비율의 균형을 맞추거나 화학적으로 사슬이 결합하는 순서를 조절해서 생산물의 모양과 화학적 성질을 여러 가지로 조절할 수 있다. 예를 들어, 두 가지 종 A와 B로 단순히 서로 교대되어 있는 ABABABAB…의 사슬을 만들 수 있다. 단위체의 결합 순서를 조절하면 화학적 모양과 구조의 새로운 세계가 열린다.

물론 두 가지 종만으로 한정할 필요는 없다. 세 가지 중합체가 순서 있게 늘어선 ABCABCABC… 또는 거의 마구잡이인 AABBAACCAACAABBAABAAC… 같은 '삼중 중합체'를 만들 수도 있다. 단위체 종 수가 증가함에 따라, 가능한 조합의 범위, 결합 순서와 모양은 급격히 증가한다. 합성 고분자 화학의 초기 시대 이래로 수천 가지의 특이하고 다양한 고분자들이 제조되었다.•

단백질은 본질적으로 진보된 종류의 공중합체다. 단위체는 아미노산이며 생물계에는 20가지 종류의 아미노산이 있다. 수천 개 길이에서 가능한 결합 순서를 계산해본다면, 20가지 단위체는 매우 많은 종류다. 단백질에서 사슬 부분들 사이(그리고 사슬과 물 사이, 사슬과 다른 분자 사이)의 상호작용을 결정하는 것은 아미노산의 결합 순서다. 이런 상호작용이 단백질의 모양을 결정하며, 우리가 본 것처럼 이 모양이 기능에 매우 중요하다. 실제로 공중합체는 심지어 생명 그 자체에 이르는 복잡한 화학적 기능을 거의 할 수 있다.

기술적 목적으로 단백질의 중간세계를 지배하려는 첫 시도는 화학이 아니라 생물학을 다루면서 만들어졌다. 특별히 흥미로운 구조를 만들 수 있는 아미노산 결합 순서를 알아낸 생화학자는 그다음

• 이 중에서 단지 100여 종의 고분자만이 상업적 생산품에 이용되고 있다.

에 DNA 조각을 박테리아에 넣어서 그것이 원하는 새로운 단백질을 만들도록 박테리아의 프로그램을 재조종했다. 예를 들면 한국의 김학성이 이끄는 다국적 연구진은 효소 단백질이 원래와는 전혀 다른 기능을 갖도록 변화시켰다. 생명의 기계가 재설계되었다.

머리와 꼬리 그리고 스펀지와 벌레

특별한 부류의 공중합체는 계면활성제다. 계면활성제는 머리와 꼬리 부분이 있는 탄소 사슬이다. 흔히 전하를 띤 부분인 머리는 물을 끌어당기지만 대부분 탄화수소 부분인 꼬리는 물을 싫어한다.

계면활성제 분자는 그 자체도 중간세계 거주자지만, 구에서부터 평면, 구불구불한 스펀지, 닫힌 막에 이르는 중간세계 크기의 많은 집합적 구조물들을 형성한다. 이런 것은 모두 유연하고 끊임없이 꾸물거리는 동적인 물체로, 식사 후의 설거지 같은 평범한 것에서부터 첨단의 약품 표적 전달 기술에 이르기까지 기술적인 부분에서 커다란 가능성을 가지고 있다.

먼저 평범한 것부터 보자. 예를 들어, 설거지통에 있는 기름기 낀 접시 같이 물과 기름이 함께 있으면 계면활성제는 집합적인 행동을 한다. 꼬리의 소수성과 머리의 친수성을 최대로 만족시키려고 계면활성제는 스스로 머리는 물 쪽을 향하고 꼬리는 기름 쪽을 향하게 늘어서면서 물과 기름의 경계면에 모인다. 이 때문에 '계면활성제'가 된다.

물과 기름의 경계면은 설거지하면서 접시의 기름때를 닦을 때 생기는 기름 거품에서 잘 볼 수 있다. 기름 거품은 계면활성제로 덮여 있다. 기름에 결합한 꼬리는 안쪽을 향하고 물 쪽을 향한 머리는 바

깥쪽을 향하고 있다. 세척 과정은 기본적으로 물과 기름을 섞이게 도와주는 기술이다.•

이제 절묘한 이용을 살펴보자. 계면활성제를 이용하는 가장 흥미로운 개발 중 하나는 신체에 약품을 전달하는 것이다. 신체에 투입된 '외부'의 약품을 세포나 생물의 외부 방어로부터 보호하기 위해서 포장하는 데 계면활성제 막이 이용될 수 있다. 내용물을 신체의 적당한 위치로 '표적 운반하기' 위하여 화학물질을 막 안에 가둘 수도 있다. 일단 약품이 표적에 도달하면 계면활성제는 녹아 없어지고 약품이 작용할 수 있게 된다.

이러한 중간세계 계면 기술에 대해 간단한 설명을 하면서 샴푸를 언급하지 않을 수 없다.

목욕을 하면서 비누 거품이 잘 일거든 이렇게 생각하라. '샴푸는 벌레들로 가득 차 있다.'

어쩌면 '벌레 같은 마이셀'이라고 말하는 것이 적절할 것이다. 이것은 계면활성제 조립물로서 분자들이 서로 모여서 꼬리는 내부를 향하고 머리는 바깥쪽을 향하도록 하여 만든 기다랗고 유연한 기둥이다. 이런 기둥은 고분자처럼 뒤틀리거나 얽히지만 또한 고분자와는 달리 사슬 연결이 강한 화학적 결합이 아니다. 벌레 모양의 마이셀에서 계면활성제는 실제로 서로 결합을 하고 있지 않다. 벌레는 꿈틀거리고 꼬일 뿐 아니라 조각으로 나뉘어서 다른 벌레들과 결합하기도 한다.

• 샐러드드레싱도 마찬가지다. 겨자에 들어 있는 계면활성제가 기름과 식초를 혼합하여, 우리가 맛있게 드레싱을 상추에 뿌려 먹을 수 있는 것이다.

벌레 모양은 샴푸와 헤어 컨디셔너에 이상적이다. 벌레가 아주 길어 머리카락을 둘러싸고 달라붙어서 세제와 컨디셔너 용액을 최대로 머리카락에 전달할 수 있기 때문이다.

이제 설거지를 하고, 샐러드드레싱을 만들고, 목욕탕에 들어가기 전에 곧 하게 될 일이 중간세계 여행이라는 것을 생각해보길 바란다.

나노기계: 중간세계의 회전과 진동

샴푸와 샐러드드레싱은 모두 사람들에게 잘 알려져 있지만 그것들이 진정한 나노기계라는 생각은 거의 하지 못할 것이다. 나노기계는 몇몇 동력을 받은 중간세계 로봇으로, 분주하게 프로그램을 수행하고 건설하고 파괴하고 운반하고 실제로 방어와 공격도 한다(예를 들면 바이러스나 암세포). 최근의 그런 공 모양을 다루는 나노기술의 업적은 인공적이고 조절할 수 있는 중간세계 기계의 꿈이 그렇게 멀리 있지 않다는 것을 보여준다.

예를 들면, 2005년에 네덜란드 흐로닝언 대학의 벤 페링아Ben Feringa가 이끄는 연구진은 순전히 화학 반응으로 회전하는 분자 모터를 만들었다. 이것은 비록 정교함은 훨씬 떨어지지만 ATP 생성효소 단백질 같은 생명의 회전 엔진을 생각나게 한다. 흐로닝언 연구진의 모터는 단일 탄소-탄소 결합으로 연결된 두 개의 유연한 부분으로 이루어진 분자 구조로 구성되어 있다. 화학 반응에 의해 분자의 반쪽이 나머지 반쪽에 대해 상대적으로 회전한다. 분자 모양에 의하면 일단 회전한 꼬인 반쪽은 다시 뒤로 회전하지 못하게 되어 있다. 따라서 화학은 한쪽 방향으로 회전하는 운동을 만들어낸다.

그러나 아직 그런 모터로 움직이는 '자동차'는 시장에 나와서는 안 된다. 회전을 추진하는 반응은 네 단계로 일어나며 각 단계마다 서로 다른 화학적 첨가물이 필요하다. 때문에 화학자들은 제때에 적당한 물질을 첨가하여 모터가 회전하게 밀어야 한다. 아직은 그렇게 실용적인 나노기계는 아닌 것이다.

페링아 연구진과 에든버러 대학의 데이비드 리David Leigh가 이끄는 연구진 같은 다른 연구진들은 빛으로 회전하는 중간세계 모터도 고안했다. 분자 회전은 레이저 광선에 의해서 촉발된다. 이 경우는 반도체 레이저 스위치를 전자 조절 회로에 넣을 수 있기 때문에 좀 더 자동화에 가까운 과정이다.

하지만 회전이 전부가 아니다. 2005년에 다른 연구진, 이번에는 독일 슈투트가르트에 있는 막스플랑크 연구소의 야니크 마이어Jannik Meyer가 이끄는 연구진이 나노모터가 아닌 나노진자를 만들었다. 이것은 탄소 나노튜브(순수한 탄소로 만들어진 지름이 약 2나노미터인 원통형) 형태인데 연구진은 그것에다 작은 금속(10조분의 1킬로그램 이하)을 매달았다. 실험은 그런 나노진자가 중간세계의 방식대로 작동하는 방법을 보여주었다. 주위의 기체 원자에 충돌하면 그것은 마구잡이 브라운 운동으로 앞뒤로 흔들린다.

이런 나노모터는 상향식 화학 발명품에 기반을 둔 것이다. 중간세계 엔진에 이르는 사이보그 경로는 성공에 이르는 더 믿을 만한 경로일 수 있다. 결국 진화는 기본 기술을 발전시키며 지난 40억 년가량을 지나왔다. 2000년에 코넬 대학의 카를로 몬테마그노Carlo Montemagno가 이끄는 연구진은 자신들의 자존심을 꺾고 생명이 이미 만들어놓은 회전 모터인 ATP 생성효소 단백질을 인공 나노도구로 이용했다.

연구진은 단백질 엔진을 유리판에 고정하고 1천분의 1밀리미터 길이의 니켈로 만든 '나노프로펠러'를 붙였다. 사이보그에게 ATP를 먹이자 프로펠러가 회전했다. 일부는 바이오 엔진이고 일부는 금속인, 산업혁명과 생물 산업혁명의 부분들이 합쳐지기 시작했다.

단단함과 부드러움

중간세계와 브라운 운동이 이런 모든 빛에 의해 추진되는 나노모터와 사이보그 엔진 이야기와 무슨 관계가 있단 말인가?

나노나 중간세계 기술에서 과학적으로나 상업적으로 흥미로운 많은 부분은 에릭 드렉슬러Eric Drexler까지 거슬러 올라갈 수 있다. 1986년에 드렉슬러는 《창조의 엔진*Engines of Creation*》이라는 책을 썼다. 이 책에서 그는 원자 물질을 하나씩 쌓는 것에서부터 세포를 하나씩 의학적으로 수선하는 것에 이르기까지, 나노 임무를 수행하는 미세 기계 무리가 움직이는 세계를 언급하며 새로운 기술 혁명을 예언했다.

이 꿈에 대한 많은 영감은 아마도 전자 혁명에서 그 근원을 찾을 수 있을 것이다. 전자 혁명은 한계가 없어 보이는 소형화 진보가 목적이었다. 1950년대에 최초로 만들어진 트랜지스터는 한 변이 3~4밀리미터인 금속 통에 작은 다리 모양으로 전선이 나온 형태로 등장했다. 오늘날의 마이크로프로세서는 동일한 공간에 그런 장치가 수백만 개 들어간다.

드렉슬러형의 나노기술은 소형화 기적의 논리적 연장이었다. 소형화가 왜 전자 회로를 만드는 데 국한되어야 하는가, 일반적인 물질에도 똑같은 소형화가 적용되어 모든 종류의 장치를 현미경 크기로 만들면 안 되는가? 디지털 전자장치가 단지 정보 처리에 대한 효과를 통해서 세계를 혁신한다면, 장치 구성에서부터 의학에 이르기까지 훨씬 광범위하게 소형화 개념을 이용함으로써 다가올 훨씬 더 큰 혁신도 상상해볼 수 있다.

그러나 나노세계에 대한 또 다른 이름은, 물론 중간세계다. 드렉슬러 이후 많은 과학자들이 지적한 대로 단순히 우리가 거시세계에서 여태까지 해온 것들을 선택해서 중간세계로 축소한다면, 그것들은 전혀 작동하지 않을 것이다.

셰필드 대학의 나노기술자인 리처드 존스Richard Jones는 저서인 《소프트 기계*Soft Machines*》에서 중간세계 물질의 행동이 어떻게 나노기술자들이 일하는 방법을 변화시켰는지를 능숙하게 설명하고 있다. 예를 들어 자전거라는 간단한 일상세계의 기계를 생각해보자. 그 메커니즘은 비교적 간단하다. 발로 한 부분을 회전시키면 기어를 통해서 힘이 뒷바퀴로 전달되고 뒷바퀴는 지면과의 마찰을 통해서 전체 장치를 직선으로 추진한다.

그렇다면 자전거를 축소해서 중간세계에 넣고 그것을 나노자전거라고 하면 어떨까? 나노자전거는 그 단순성 때문에 그곳에서 짐을 운반하는 방법을 혁신할 것이다. 키네신이 걷는 곳에서 우리는 자전거를 탈 것이다.

문제는 브라운 운동이다. 존스가 지적한 대로 나노자전거는 주위 원자들의 충돌을 받아서 요동을 하고 구부러지고 뒤틀리고 흔들릴 것이다. 플라스틱의 고분자나 키네신의 동작부와 크게 다르지 않을 것이다. 자전거는 부드러운 커스터드 과자처럼 모양을 잡기 어려울 것이다.

그러면 초보 나노기술자는 그것을 단단하게 만들어야 한다고 주장할 것이다. 그 못된 브라운 운동이 구부릴 수 없을 정도로 강한 분자로 만들어야 한다고 할 것이다.

예를 들면 단백질 같은 강한 화학을 이용하여 단단한 나노자전거를 만드는 방법들이 있다. 단백질은 적절한 조건에서 다소간 특별한 형태를 유지할 수 있다. 그러나 그런 단단한 자전거가 작동을 하더라도 끊임없이 움직이는 중간세계에서 정말로 잘 작동할까? 그것의 본질적인 어려움 이외에도 오늘날의 나노과학자 대부분이 깨닫는 것처럼 '단단함을 선택' 한다면 다른 커다란 이점을 놓치게 된다.

중간세계의 물질은 다르게 일을 할 것이다. 당신은 거시세계를 따라서 기계를 설계하고 그것을 달성하는 화학적 방법을 찾으라고 주장할 수 있었다. 그러나 중간세계의 물질이 중간세계에서 하는 엄청나게 풍부한 것들을 가지고 왜 전혀 새로운 방법으로 공학적인 문제를 해결하려 하지 않는가? 왜 계속해서 움직이는 것을 이용하려 하지 않는가? 우리는 그것이 이용될 수 있다는 것을 알고 있다. 생명은 벌써 그렇게 하고 있다.

이것은 다소간 뒷북을 치며 설명하는 것이다. 이 장에서 내가 말한 중간세계 기술의 모든 예들은 어느 정도 '부드러움 선택'을 취한다. 고분자로 안정화된 이집트 잉크, 원시 단백질 공중합체, 벌레 같은 샴푸와 ATP로 동력을 얻는 사이보그 프로펠러는 모두 중간세계에서 물질이 행동하는 방법을 지혜롭게 이용한다.

실제로 성공적인 중간 기술은 단단하면서도 부드러운 것을 선택하는 것처럼 보인다. 원자와 분자 화학에서부터 브라운 중간세계의 요동과 거대 구조에 이르기까지 서로 다른 크기에서 나타나는 물질의 우세한 특성들을 균형 있게 활용하는 것이다. 어느 특정한 크기가 지배적일 필요는 없다. 중간세계는 탄소 원자로부터 샴푸, 샐러드 드레싱, 생명 그 자체에 이르는 현실 크기들 사이에서 교량과 같은 역할을 한다.

중간세계의 공유

그러나 위험이 없는 기술은 없으며 중간세계 기술도 예외가 아니다.

나노기술은 위협적일까? 몇 년 전에 영국의 왕위 후계자인 찰스 왕세자가 이에 대해 "우리는 미세 기계의 '잿빛 덩어리grey goo'가 원자부터 하나씩 시작해 우리를 모두 먹어 치울 때까지 앉아서 기다리려 하는가?"라고 경고를 했다. 다른 과학 전문가들도 걱정을 한다. 2000년 4월에 선마이크로시스템스라는 컴퓨터 회사의 설립자인 빌 조이Bill Joy는 과학자들에게 나노기술 연구를 중단해달라고 요청했다. 그것이 너무 위험하다는 것이었다. 2005년 말에 듀폰을 비롯한 상위 기술회사들은 환경보호 압력단체 및 영국 왕립학회, 일본 과학위원회와 함께 건강과 나노기술이 미칠 안전한 영향에 관해 더 많은 연구가 이루어질 수 있도록 기금을 마련했다. 그들은 매년 10억 달러에 이르는 미국 정부의 나노기술 연구비 중 미미한 3,900만 달러가 건강과 안전 연구에 사용되고 있다고 지적했다.

왜 나노기술은 다른 종류의 화학이나 제조업이나 기타 많은 산업

들보다 나쁜 면을 더 가지고 있다고 생각되는 것일까?

나노기술이나 중간세계 기술이 우리에게 다른 산업보다 더 큰 위험성을 나타내는 데에는 최소한 한 가지의 이유는 있다. 중간세계는 생명, 단백질, 효소, 세포, 세포막, DNA, RNA, 분자 모터의 메커니즘이 주로 작동하는 크기다.

나노기술은 세포 생명이 활동하는 운동장에서 같은 중간세계 과정을 이용하며 놀고 있다. 중간세계에서 논다는 것은 어쩔 수 없이 생명의 세계에서 논다는 것을 의미한다.

중간세계 기술은 분명히 재앙을 일으킬 수 있는 실수를 할 잠재성이 있다. 하지만 또한 매우 커다란 잠재적 이점도 가지고 있다. 단백질 엔진이 효과적으로 에너지를 운동으로 전환하는 방법 같은 생명의 메커니즘에 대해 알게 됨으로써, 우리는 생명의 가장 근본적인 문제들의 해결을 도와줄 기술을 개발할 수도 있을 것이다. 세포를 하나씩 치료하고 암을 치료하는 것, 바이러스나 박테리아로부터 세포를 보호하는 새로운 방법, 손상된 기관이나 고장 난 세포를 기술적으로 교환하는 것이 나노의학의 꿈이다. 아마도 노화와 세포 죽음 자체와 싸우는 것은 최종 도전이 될 것이다.

그러나 아직도 중간세계에서 물질이 할 수 있는 일들을 전혀 이해하지 못하고 있다. 이것 때문에 우리 자신이 발명한 기술과 이미 그곳에 존재하는 생물이나 천연물 사이에서 생기는 원치 않는 상호작용을 예측하기가 매우 어려워진다. 우리는 중간세계의 생명을 도우려다가 오히려 방해할 수도 있다.

따라서 반드시 나노기술에 대해 염려할 필요가 있다. 중간세계 기술의 잠재성은 최소한 기원전 5000년 이후부터 인류가 탐구해왔다. 그리고 우리의 지식이 증가함에 따라 그 잠재성이 얼마나 환상적인지 알게 되었다. 또 우리가 다른 기술 세계의 일부가 아니라는 점에서 우리 역시 중간세계의 일부다.

우리는 중간세계 기술자로서 후발주자다. 생명이 그곳에 먼저 도착했다. 우리는 중간세계의 기계다. 때문에 너무 많은 새로운 것들을 풀어놓기 전에 우리가 하고 있는 일이 무엇인지 알고 조심해야 한다.

사람들은 중간세계를 자신의 조물주들과 공유하게 되어서 그렇게 즐겁지만은 않을 것이다.

13

항상 움직이는 물질과 생명

우리는 로버트 브라운이 처음으로 현미경 렌즈를 통해서 중간세계를 들여다보고 알아챈 운명적인 1827년의 어느 여름날로부터 먼 길을 여행해왔다. 오늘날, 위대하지만 주목을 받지 못하는 이 스코틀랜드의 식물학자는 항상 움직이는 물질이 거주하는 새로운 세계를 처음으로 발견했다.

그 후로 과학은 이 특별한 곳과 그곳의 이상한 거주자들에 대해 조금씩, 때로는 거의 낙담이 될 정도로 느리게 알아가게 되었다. 과학자들이 중간세계에서 일어날 수 있는 일을 받아들이려고 노력하게 된 것은 당연한 일이었다. 그런 것을 알지 못하면 열에서부터 원자, 증권시장, 단백질, 근육, 나노기술에 이르기까지 이 모든 것의 이론이 존재할 수 없다.

이런 데도 불구하고 오늘날에도 중간세계는 대중적인 인지도가 비교적 낮은 편이다. 과학이란 쿼크와 은하가 전부는 아니지 않은가? 나는 당신이 쿼크 크기와 우주 크기 사이의 중간세계에도 무엇인가 매우 중요한 것이 일어나고 있다는 것을 확신했기를 바란다. 중간세계를 알지 못한다면 매순간 우리 주위와 우리 내부에서 진행되고 있는 기본적이고도 광범위한 현상을 놓치게 된다.

중간세계 이야기의 핵심에는 근사한 아이러니가 있다. 브라운은 1827년에 생명을 연구할 목적으로 그런 실험들을 시작했다. 결국 그는 식물학자였다. 식물 번식의 과학적 기본 물질인 꽃가루의 미시적 기능을 조사하려고 실험을 시작했다. 그는 우연히 중간세계의 이상한 마구잡이 춤을 발견하자 그것이 무엇이든 간에 이 이상한 행동은 초자연적인 '생기' 때문에 생기는 것이 아니라는 것을 증명하고자 조심스럽게 실험들을 수행했다. 당연히 그가 생각한 대로 그 문제는 물리학자들의 책상으로 옮겨갔다. 그가 발견한 이 끊임없는 움직임은 생명이 아니라 물질에 관한 의문이었다.

약 75년 후에 물리학자들은 마침내 꽃가루의 마구잡이 춤을 설명했으며 그것을 측정하여 원자가 실체라는 것을 증명했다. 물질은 깨질 수 있는 조각들로 구성된다.

그리고 또 약 75년이 흐른 후 실험광학, 레이저, 세포생물학의 발전으로 중간세계 과학의 진로가 중간세계 과학 자체로 돌아가기 시작했다. DNA, 단백질, 분자 모터, 박테리아, 바이러스, 이 모든 것 역시 중간세계 거주자다.

브라운이 보고 적은 것은 식물학자의 일이 아니라 여겨졌지만 결국에는 완전히 한 바퀴를 돌아서 제자리로 돌아왔다. 중간세계의 마구잡이 춤은 결국 생물과학의 일이 되었다. 그것은 물질뿐 아니라 생명에 관한 의문이었다.

중간에 있는 생명

중간세계 이야기는 크게 물질과 생명, 두 가지로 나눌 수 있었다. 그러나 그런 분명한 구분은 거의 인위적이다. 중간세계에서 물질과 생명 사이의 틈새는 분명한 경계라기보다는 모호한 지역이다. 고분자와 계면활성제, 막은 단백질, 분자 모터, 세포로 서서히 변화한다. 지금으로부터 50년이 지난 뒤 되돌아보면 더 뛰어난 관점에서 이 이야기를 보게 될 것이다.

우리는 중간세계의 과학이 적용되는 모든 것들이 실제로 물질과 생명 사이의 공통 기반에 대한 이해에서 나왔음을 알게 될 것이다. 그것은 과학자들이 밀접한 관계를 파악하는 방법, 물질이 할 수 있는 완전하고 놀라운 범주를 파악하는 방법, 생명이란 물질이 할 수 있는 일 중에서 가장 특별한 한 가지라는 것을 파악하는 방법에 대한 이야기로, 과거와 미래에도 모두 해당되는 이야기다.

지금 우리는 이야기의 결말로부터 멀리 떨어져 있다. 중간세계에 우리 존재를 뿌리내리게 해주는 많은 생명의 과정들은 기적이 아닐까 싶을 정도로 복잡한 상태로 남아 있다. 그러나 겨우 20년 만에 우리는 먼 길을 왔다. 물질과 생명 사이의 틈새, 확실하게 중간세계에 자리를 잡은 이 틈새가 좁혀지기 시작했다는 신호가 많아지고 있다.

아마도 그런 생명의 '물질'(물질의 기능으로서의 생명) 개념은 약간 실망스럽게 보일 것이다(심지어는 무섭기까지 할 것이다). 생명이 중력이나 정전기, 소금과 같이 물질의 또다른 '단순한' 기능일까? 생명의 어떤 특별함은 사라지는 것일까?

나는 정반대로 말하고 싶다. 중간세계는 생명이 실제로 얼마나 특별하며 물질 또한 얼마나 특별한지를 보여준다. 물질의 과학인 물리학은 오랫동안 환원주의의 지배를 받았다는 이미지를 갖고 있었다. 화학 전체를 몇 가지의 양자 계산으로 환원하고, 전기, 빛, 자기, 방사능, 핵력을 기본적 힘들의 표준 모형으로 환원했다. 물리학이 계속 진행되고 생명을 물질의 어떤 간단한 기능으로 '환원'할 수 있었다면, 나 역시 낭만주의의 편에 서서 실망감에 고개를 저으며 서 있었을 것이다.

그러나 중간세계에 있는 물질의 기능은 그렇게 단순하지 않다. 그렇다고 결코 우리만큼 영리해지지는 못할 것이다. 중간세계는 복잡한 곳이다. 무엇보다 오늘날 과학자들은 믿기 어려울 정도로 다양하고 영리하고 복잡한 물질들이 할 수 있는 것들을 밝혀내고 있다. 그것에는 생명까지도 포함된다.

중간세계 과학은 생명을 물질의 기능으로 환원하는 것에 대한 내용이 아니다. 물질의 기능을 생명 수준으로까지 향상시키는 내용이다. 생물학을 물리학으로 환원하려는 것이 아니라 생물학과 물리학을 결합하려는 것이다.

중간세계 과학에서는 과학 과목 간의 옛 구분이 약화되는 것을 볼 수 있다. 〈네이처〉나 〈사이언스〉 같은 잡지에서 분자 모터나 효소나 나노기계에 대한 연구 논문을 읽어보면 생물학, 물리학, 화학의 연결점들을 거의 알아볼 수 없을 것이다. 그것은 단지 물질의 가능성에 관한 과학이다.

50년이 지난 후 중간세계 이야기를 돌아봤을 때 우리는 무엇을 알 수 있을까? 그때에는 분명히 생명 과정들에 관한 상세한 부분들이 많이 알려져 있을 것이다. 그리고 분명히 이런 많은 상세한 점들과 수많은 새로운 비밀들이 여전히 우리를 괴롭히고 있을 것이다. 그때에 이미 우리는 지나치게 정교한 장비나 예측할 수 없는 위험의 문제는 넘어선 상태에서 중간세계의 생명 기계로부터 우리만의 현실성 있는 나노기계를 만드는 법을 충분히 배웠을 것이다. 그리고 어쩌면 그것을 진정으로 필요로 하는 사람들에게 혜택을 제공할 만큼 안전하게 다루게 될지도 모른다.

잘된다면, 행성과 원자만이 문제가 되고 그 사이에는 흥미로운 것이 전혀 없다는, 정통 뉴턴주의자들의 눈먼 도약 같은 가정의 마지막 흔적까지도 없어질 것이다. 잘된다면, 중간세계의 다리를 통해서 우리는 아원자 양자의 불가사의에서부터 원자 화학, 중간세계 춤, 거시세계의 복잡성에 이르기까지 물질의 기능이 연속적이라는 것을 알게 될 것이다. 이것은 어느 한 크기가 다른 크기보다 더 중요한 위계를 가지는 것이 아니라 모든 것이 아름답게 서로 잘 맞아들어가는 조각 퍼즐 같을 것이다.

그러나 내가 다음 세대의 중간세계 과학자에게 다음 수십 년 동안의 발견을 바탕으로 중간세계에 실마리를 던져주는 질문 하나를 할 수 있다면, 그것은 생물 산업혁명의 본질에 대한 것이다. 즉 생명의 기원이다.

브라운 수프

우리가 이 책에서 살펴본 대로, 분자 엔진, 튜불린 운송 그물망, 단백질, 막, 효소, DNA 같은 생명의 메커니즘을 구성하는 부분과 조각들은 모두 중간세계의 거주자다.

생물 산업혁명은 어쩌면 현재까지의 중간세계의 역사에서 가장 중요한 사건이었을 것이다. 이때는 우리 산업 선구자들의 거대한 야망을 달성시킬 재료 물질들도 등장한 때였다. 그들은 에너지를 유용한 일로 전환했다. 그 혁명 이전에 에너지는 '어디에나 있는 에너지'의 상태였다. 하지만 일을 하는 데는 한 방울도 이용될 수 없었다. 그런 생명의 엔진이 일단 작동하기 시작하자 갑자기 자원의 거대한 수확이 시작될 수 있었다.

언제 어디에서 생명이 시작되었는가에 대한 다소 그럴듯한 이론들이 꽤 여러 개 존재한다. 이것은 그것을 설명하는 책이 아니다(그에 대해서는 폴 데이비스의 《생명의 기원*The Origin of Life*》을 참조하라). 오히려 내가 여기에서 하고자 하는 것은 한 가지 질문을 하는 것이다.

'이 생물 산업혁명이 중간세계 이외의 장소에서 일어날 수 있었을까?'

어쩌면 우리는 여전히 물질에 대해 확실하게 잘 알지 못할지도 모른다. 다른 환경에 있는, 다른 크기의 다른 것도 있을 것이다. 그 물질은 우리가 생명이라고 부를 만하거나, 복잡성에서 생명에 필적하는 일을 할 수 있을 것이다.

우리는, 비록 우리의 경우이지만, 이곳 지구의 중간세계가 결국 오늘날의 우리를 존재하게 한 과정들이 일어난 장소였다는 것을 분명히 확신할 수 있다. 중간세계는 생명 최초의 산업 기계들을 만드는 가장 훌륭한 작업장이었다.

다시 말해서, 화학 에너지를 유용한 일로 전환할 수 있는 최초의 생체 엔진 형태인 지구의 생명은 필시, '시초'의 형태가 어떠했는지는 알 수 없지만 중간세계에서 시작했던 것으로 보인다. 이것은 생명의 기원이 나타났을 때 비록 우리가 정확하게 '무엇을' 조사해야 할지는 알 수 없지만, 그것을 '어디에서' 찾아보아야 할지는 알 수 있다는 것을 의미한다.

또 우리는 다른 것도 알고 있다. 브라운 운동이 그곳에 있었다. 원시수프가 어떤 형태이고 어디에 있었든지 간에 그것은 브라운풍의 맛을 지니고 있었다.

마주칠 수밖에 없는 춤일까?—마지막 사색

어떤 사건이 최초의 생명 과정을 이끌었든지, 중간세계의 멈추지 않는 성질이 처음부터 긴밀하게 관련되었던 것은 분명하다. 이런 과정에는 최초로 어렴풋하게 나타난 짐 운반계인 키네신과 같은 분자들과 원시적 브라운 엔진이 포함되어 있었을 것이다. 그리고 잔잔하게 퍼져가는 막은 세포 칸막이의 최초 징조였을 것이다. 고대 공중합체들은 구조를 갖춘 분자기계를 가능하게 해주는 화학과 마구잡이의 균형을 이루기 위한 첫 단계였을 것이다. DNA 복제 효소의 초기 형태도 기억과 진화에 필수적인 기계들의 최초의 구체적 형태였을 것이다. 여기에는 역시 많은 이론들이 있으며, 중간세계와 생명 산업혁명을 더 상세하게 알아야만 이론들 중에서 선택을 하는 데 도움이 될 것이다.

이어지는 생명의 진화도 멈추지 않는 성질에 큰 영향을 받았을 것이다. 그와 동시에 물질의 성질을 이용하기 위해서 외견상 점점 더 복잡한 방법들로 끝없이 확산해갔을 것이다. 진화는 본질적으로 물질의 가능성을 탐험하는 것이다. 즉 물질을 이용할 수 있는 선에서 더 나은 도구사용법을 찾아가는 것이다. 이러한 진화의 여러 탐험 방법은 물질이 중간세계에서 일을 하는 방법 때문에 가능하다. 예를 들면, 실수는 마구잡이가 없으면 일어나지 않는다. DNA의 복제에서 실수가 없으면 진화는 일어나지 않는다. 어쩌면 우리의 분자 기억은 마구잡이와 실수를 통한 진화가 화학 규칙을 통한 정확성에 정밀하게 균형을 이룰 수 있는 중간세계에서 저장되어야 할 것이다.

하지만 이를 훨씬 뛰어넘는 가능성도 있다. 이제 나는 정말로 추측을 할 것이다(추측이라는 사실에 주목하자). 그러나 이 역시 언급할 가치가 있는, 충분히 강력한 '가정what if'이 될 수 있다.

생명이 중간세계의 필연적 결과라면 어떨까?

예를 들어 원시적인 초가소성의 아미노산 사슬을 생각해보자. 그 사슬이 일단 중간세계 크기로 자라면 꿈틀거리는 것을 피할 수 없다. 따라서 이 물질 조각은 어쩔 수 없이 화학과 중간세계의 마구잡이 규칙들 사이의 애매한 영역으로 들어가게 된다. 그리고 훌륭한 균형에 이르게 되면, 그 결과 수백만 년의 진화 후에 실제 단백질이나 효소의 환상적인 정확성과 재능을 가지게 될 것이다. 그렇다면 단지 화학과 중간세계 요동의 산물인 원시적 초가소성이 최초의 생명을 얼핏 보여주는 것일까?

다시 말해서 일단 우리가 화학과 꼬이고 비틀리는 끊임없는 마구잡이가 균형을 이루는, 아주 이상한 물질의 중간세계로 들어오게 되었다면, 그리고 그곳에서 생명과 유사한 기능들이 등장하는 것을 피할 수 없었다면 어떻게 될까?

물론 원시적 단백질은 매우 훌륭하다. 하지만 이 생각을 생명 전체로 확장할 수 있을까? 모든 생명의 복잡성이 초가소성으로부터 자연적으로, 불가피하게 발생했을까? 우리는 그것에 대해 명확한 답을 줄 수 있는 곳에 와 있지 못하다. 하지만 그런 이유 때문에 생명이 아직도 엄청나게 놀라운 것을 줄 수 없다고 생각한다면 매우 어리석은 일이다.

그것에서부터 분명히 이 책과 지금까지의 중간세계에 관한 이야기의 아주 놀라운 결론이 나타날 것이다. 이야기는 식물학자인 브라운과 춤추는 꽃가루, 그의 실패한 식물 번식 연구로 시작했으며 아마도 어느 날 브라운 운동이 생명의 원인이 된다는 정말로 놀라운 생각으로 끝날 것이다. 즉 브라운 운동이 생명을 일으켰다는 것이다.

그것으로 충분하다. 최소한 지금으로서 가능한 모든 추측은 끝났다. 우리는 이제 기다리기만 하면 된다. 1827년 6월의 브라운처럼, 우리는 단지 환상적인 중간세계의 복잡성을 탐험하고 더 놀라운 것을 찾고자 눈을 크게 뜨면 된다.

중간세계 이야기

우리는 아직도 중간세계의 그럴듯한 모든 결론을 정말로 알 수 있는 곳에 도달하지 못했다. 우리는 엔트로피, 증기기관, 되저을 수 없는 라이스 푸딩에서부터 작은 고무공이 가득한 공기, 플라스틱, 분자 모터 형태로 된 생명 자체의 동력 산업에 이르기까지 많은 것을 살펴보았다. 현대사의 몇몇 위대한 과학자들이 (비록 그들 자신은 깨닫지 못했을지라도) 중간세계의 이야기에 어떻게 밀접하게 관련되었었는지를 뉴턴에서부터 브라운까지, 카르노에서 클라우지우스까지, 맥스웰에서 볼츠만까지, 아인슈타인에서 랑주뱅까지, 과이에서 페랭까지의 흐름을 통해 살펴보았다. 역사의 한 조각을 모으거나 출처가 불확실한 일화에 집착하지 않기 위해서 슈타우딩거, 플로리, 페루츠, 프라우엔펠더, 추, 애시킨 같은 현대 과학자들은 말할 것도 없고 천여 명의 다른 사람들도 함께 고려해보아야 한다. 우리는 원자가 실체라는 것을 보았으며, 열의 실제 본질을 찾아냈으며, 열이 왜 한 방향으로만 흐르는지도 살펴보았다. 우리는 쾌락의 동산과 결정론의 과수원을 탐험했다. 생명이 최소한 세포 수준에서라도 중간세계에서 일어나는 화학과 마구잡이 사이의 균형에 어떻게 신세를 지고 있는지 보았다. 우리는 현대 기술자들이 중간세계를 지배하려고 노력하는 것을 보았다. 그리고 생명이 실제로 어떻게 우리에 앞서서 이미 40억여 년 전에 그것을 해놓았는지도 보았다. 이 모두가 일어나는 곳이 현재 우리가 있는 곳이다. 여전히 우리는 이 이상한 우주의 중간에 나중에 들어온, 상당히 무식한 후발주자인 것이다.

우리는 중간세계가 우리가 등장한 방법에 대한 비밀을 간직하고 있는지도 궁금했다.

그래서 먼 길을 오면서 중간세계의 많은 부분을 탐험했다. 그러나 이야기가 끝나려면 멀었다. 나는 중간에 있는 세계의 어마어마한 부분들이 아직 발견되지 않았다고 생각한다. 중간세계는 여전히 우리를 놀라게 하고 당황하게 하고 깨우쳐줄 신비한 것들을 지닌 채 기다리고 있다.

참고문헌

이 책은 대학교재가 아니므로 본문에 상세한 참고문헌을 표시하지 않았다. 대신, 중간세계나 소개된 과학자 및 과학에 대해 더 많은 것을 알고자 하는 독자들을 위하여 대체적으로 흥미 있는 문헌을 몇 가지 소개한다. 이것은 상세한 문헌 목록은 물론 아니며, 특별한 순서없이 나열하였다.

Richard Jones (2004) *Soft Machines.* Oxford University Press, Oxford. [한국어 판: "나노바이오, 미래를 여는 기술", 김태억 역, 궁리, 2007]

중간세계, 특히 나노기술의 현대 과학에 대한 훌륭한 입문서이며, 어느 정도까지는 생물 물리학에 대한 입문서도 된다. 이 책은 많은 주제에 대한 상세한 과학적 배경을 포함하고 있지만 전문가보다는 일반 독자들이 읽을 만하게 저술되었다.

D. J. Mabberley (1985) *Jupiter Botanicus: Robert Brown of the British Museum.* Braunschweig/British Museum, London.

로버트 브라운의 일생을 상세하게 다룬 거의 유일한 책이다(정말로 상세하다). 지금까지 다루지 않았던 잘 알려지지 않은 브라운에 대한 정보, 특히 식물학 문제에 대한 정보를 많이 담고 있다.

Graeme K. Hunter (2000) *Vital Forces: The Discovery of the Molecular Basis of Life.* Academic Press, New York.

단백질, DNA 등 '분자'의 생물학을 발전시킨 중심적인 인물들에 관한 훌륭한 책이다.

David Lindley (2001) *Boltzmann's Atom*. Free Press, New York. [한국어 판: "볼츠만의 원자", 이덕환 역, 승산, 2003]

볼츠만에 대해 일반 독자들이 읽을 만한 몇 안 되는 책 중의 하나로, 전기 정보와 역사적 정보가 풍부할 뿐만 아니라 볼츠만의 과학을 이해하는 데도 꽤 도움이 되는 책이다.

Basil Mahon (2003) *The Man Who Changed Everything*. John Wiley, Chichester. [한국어 판: "모든 것을 바꾼 사람", 김요한 역, 지식의 숲, 2008]

이상하게도 무시되었던 영국의 '국보적' 존재인 맥스웰에 대해 최근에 저술된 훌륭한 전기다.

Tom Stoppard (1993) *Arcadia*. Faber & Faber, London.

책이나 연극으로 볼 만한 가치가 있다. 연극을 볼 수 있다면 행운일 것이다. 매우 유쾌하고 매우 기발한 연극으로, 열역학과 시간의 신비를 잘 다루고 있다.

Mary–Jo Nye (1972) *Molecular Reality*. Macdonald, London.

원자의 실체를 증명했던 페랭의 훌륭한 중간세계의 실험에 대하여 진짜 과학사학자가 쓴 상세한 이야기다. 페랭의 업적과 '원자의 증명'을 가져온, 특히 19세기 프랑스의 역사적·철학적·정치적 배경을 매우 포괄적으로 설명한다.

Philip Ball (2005) *Critical Mass.* Arrow, New York. [한국어 판: "물리학으로 보는 사회—임계 질량에서 이어지는 사건들", 이덕환 역, 까치글방, 2008]

많은 과학적 원리들을 넘나들면서 통계학과 '총체적 성질'의 역할을 간결하게 잘 설명한 책이다.

Paul Davies (2003) *The Origin of Life.* Penguin, London. (전 판의 제목은 *The Fifth Miracle*이다.) [한국어 판: "제5의 기적—생명의 기원", 고문주 역, 북스힐, 2000]

세포에서 일어나는 과정들의 복잡한 화학과 많은 이론들이 어떻게 탄생하게 되었는지를 상세하게 설명하고 있다.

Bill Bryson (2004) *A Short History of Nearly Everything.* Black Swan, London. [한국어 판: "거의 모든 것의 역사", 이덕환 역, 까치글방, 2003]

과학과 역사의 커다란 길을 따라서 이루어지는 여행이다. 과학이 매우 재미있는 놀이처럼 소개되어 있다. 오랫동안 무시되었던 우리의 친구 로버트 브라운이 여러 번 유령 같은 모습으로 등장한다.

Marcel Proust (2002) *A la Recherche du Temps Perdu.* Gallimard, Paris. [영어 판: C. K. Scott Moncrieff, *Remembrance of Things Past.* Vintage Books, 1982] [한국어 판: "잃어버린 시간을 찾아서", 김창석 역, 국일미디어, 1998]

꾸준히 읽어보기 바란다! 시간이 절대 같게 보이지 않을 것이다!

찾아보기

● ㄷ ●

● ㄹ ●

● ㅁ ●

• o •

• ㅈ •

● ㅍ ●

● ㅎ ●

● 기타 ●

원자와 우주 사이

지은이 • 마크 호
옮긴이 • 고문주
펴낸이 • 조승식
펴낸곳 • (주)도서출판 북스힐
등록 • 제22-457호
주소 • 142-877 서울시 강북구 수유2동 240-225
www.bookshill.com
E-mail • bookswin@unitel.co.kr
전화 • 02-994-0071(代)
팩스 • 02-994-0073

2011년 7월 1일 1판 1쇄 인쇄
2011년 7월 5일 1판 1쇄 발행

값 15,000원
ISBN 978-89-5526-776-1